例題とExcel演習で学ぶ

実験計画法とタグチメソッド

菅 民郎［著］

まえがき

データ分析の業務に携わっている人々は、常日頃、

- 「消費者のニーズに合わせて、どのような製品を開発すればよいか」
- 「顧客に喜ばれる製品にするには、どのようなところを改良すればよいか」
- 「生産性を上げるためには、運用方法、工法をどのように変えればよいか」
- 「売上を伸ばすためには、どのような販促活動をとればよいか」

といったテーマに取り組んでいると思います。しかし、これらの目的を達成するためには、いろいろな要因が絡み合っていて簡単に解決できないことも多いでしょう。

このようなテーマを解決してくれるのが、実験計画法やタグチメソッドです。

実験計画法は、定められた計画に基づき測定されたデータを解析し、要因の効果や交互作用を明らかにする方法です。解析手法は、一元配置法、二元配置法、分散分析法、多重比較法、直交表実験計画法です。

タグチメソッドは、設計・開発の段階で適用され、品質問題を未然に防止し、開発効率を上げるための方法です。解析手法は、SN 比、重回帰分析、MT 法、二段階設計法です。

この本では、これらのすべてについて解説しています。

直交表実験計画法、重回帰分析、MT 法、タグチメソッドは理論的に難しい解析手法です。この本では理論的な説明は省き、これら手法の例題を設け、その問題を解くための考え方、計算の仕方、結果の見方を解説しています。

例題の解法は、Excel の関数、Excel の分析ツール、フリーソフト Excel 実験計画法（株式会社アイスタットのホームページから無料で入手可能）で行います。

本書をお読み頂いた結果が、読者の業務・研究の一助になれば幸いです。

本書の発行にあたり種々のご尽力を頂いた株式会社アイスタット樋口ゆう子様には心から感謝いたします。また、執筆の機会を与えてくださった株式会社オーム社書籍編集局の皆様にはお礼申し上げます。

平成 28 年 10 月

菅　民郎

目次
CONTENTS

II部 回帰・MT 法・タグチメソッド

第10章 マハラノビス汎距離 199

第11章 SN 比 215

第12章 MT 法 221

第13章 タグチメソッド 245

付録◆本書で利用するExcelの分析ツール及び「実験計画法ソフトウェア」 267

I部

実験計画法

実験計画法（DOE：Design of Experiments）は、1920年代にR・A・フィッシャーが農事試験から着想して発展させた統計学の応用分野です。そして1950年G・M・コックスとW・G・コクランが標準的教科書を出版し、以後医学、工学、実験心理学や社会調査へ広く応用されています。

実験計画法は、定められた計画に基づき測定されたデータを解析し、要因の効果や交互作用を明らかにする方法です。

実験計画法で扱うデータは、フィッシャーの3原則、「反復」「無作為」「局所管理」に基づき実験を行い、データ収集することを前提とします。

実験計画法の解析手法は、一元配置法、二元配置法、分散分析法、多重比較法、直交表実験計画法です。

I部では、これらの解析手法を例題に基づきわかりやすく解説します。

I 部

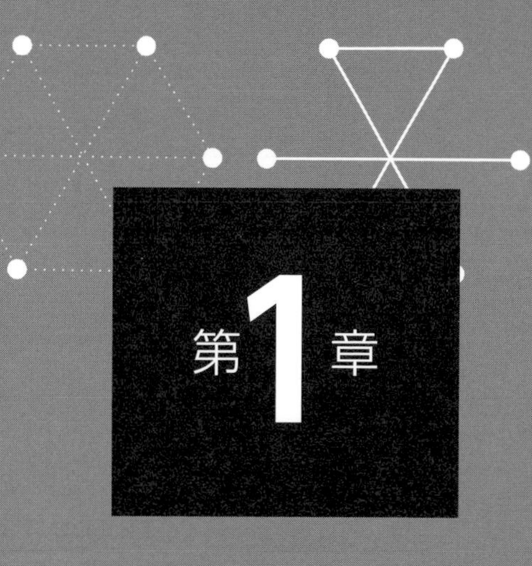

第1章

実験計画法の概要

1.1 実験計画法とは

読者は常日頃、

- 「顧客に喜ばれる製品にするには、どのような点を改良すればよいか」
- 「生産性を上げるためには、運用方法、工法をどのように変えればよいか」
- 「売上を伸ばすためには、どのような販促活動をとればよいか」

といったいろいろなテーマに取り組んでいると思います。しかし、これらの目的を達成するためには、いろいろな要因が絡み合っていて、簡単には解決できないことも多いでしょう。

一般的に、このようなテーマを解決するために、条件をいろいろ変えて実験をしたり、アンケート調査を実施したりして、データを収集します。

そして、収集されたデータを分析し、目的となる事柄に影響を及ぼしている要因は何で、その効果がどれほどかを明らかにして、目的を達成します。

ところが、どんなに素晴らしい分析手法を用意しても、データを収集するところで失敗があると目的を達成することができません。そこで、どのような計画のもとに実験をすればよいかが重要となります。

よい分析結果を得るにはよい計画を立てるということで、R.A.Fisher（イギリス、ロザムステッド農事試験場技師、以下フィッシャー）は、実験のために次の3原則を示しました。

《フィッシャーの3原則》

1. **反復**（replication）………… 繰り返し実験すること
2. **無作為**（randomization）… ランダムにデータを抽出すること
3. **局所管理**（local control）… 実験環境をいくつかのグループに分け、そのグループの中での処理を無作為な順序で行うこと

フィッシャーの3原則を考慮して、それに基づいた実験を行ってデータを収

集し、その計画に基づいて得られたデータを解析することを、総称して**実験計画法**（DOE：Design of Experiments）といいます。

実験計画法の代表的な手法として、一元配置法、二元配置法、多重比較法、直交表実験計画法などがあります。

これら手法の違いは、データ収集の際の実験方法、分析に適用する項目の数に合わせて、使い分けがなされることです。

どの手法も目的となる事柄に影響を及ぼしている要因は何か、要因の効果がどれほどかを解明するもので、活用場面において違いはありません。

したがって本書では、次の２点に留意して解説をいたしました。

1. 数多くある実験計画法の手法の中から目的にあった手法の選定方法
2. 算出された計算結果の見方や活用の仕方

そして、実験計画法の代表的な手法は次に示す章で解説いたします。

一元配置法 ……………………… 第２章
二元配置法 ……………………… 第３章、第４章、第５章
多重比較法 ……………………… 第６章
直交表実験計画法 ……………… 第７章

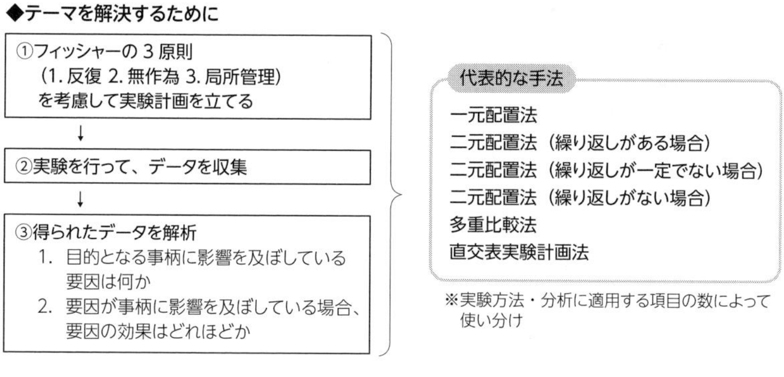

◆テーマを解決するために

①フィッシャーの３原則
（1. 反復 2. 無作為 3. 局所管理）
を考慮して実験計画を立てる

↓

②実験を行って、データを収集

↓

③得られたデータを解析
1. 目的となる事柄に影響を及ぼしている要因は何か
2. 要因が事柄に影響を及ぼしている場合、要因の効果はどれほどか

代表的な手法
一元配置法
二元配置法（繰り返しがある場合）
二元配置法（繰り返しが一定でない場合）
二元配置法（繰り返しがない場合）
多重比較法
直交表実験計画法

※実験方法・分析に適用する項目の数によって使い分け

図 1.1　実験計画法とは

1.2 実験計画法におけるデータ収集の仕方

1変数の場合

ここでは制がん剤の濃度（1つの変数）と、がんの消失度の関係を調べることとします。

新旧の制がん剤は3種類の濃度（A_1、A_2、A_3）を用意し、それぞれ4匹のねずみ、計12匹に投与し、効果を調べることとしました。

効果を調べるにあたっては、フィッシャーの3原則を考慮した実験計画を立て、実験を行うこととします。

以下に、一般的に行っている実験計画（データ収集）を立てる手順を示します。

① ねずみ12匹を無作為に抽出し、各ねずみに1～12の番号を付けます。
② 13行3列の表を作成し、先頭列にねずみNo.1～12を記入します。
③ 2列目に0～1の乱数を発生させます。

乱数とは、データの並びに傾向や特色が見られない数値です。

乱数はExcelの関数で発生させられます。

ねずみNo.1の乱数列に「= RAND ()」を入力し、Enterキーを押すと乱数が表示され、これをNo.2～12へコピーします。

RAND () はシートが再計算されるたびに異なる値を返すので、乱数部分を一度コピーし、その後、[形式を選択して貼り付け] の機能で値のみを貼り付けます。

図 1.2　RAND 関数

表 1.1　乱数を発生させる

ねずみ No.	乱数
1	=RAND()
2	
3	
4	
5	
6	
7	
8	
9	
10	
11	
12	

ねずみ No.	乱数
1	0.7800
2	0.3490
3	0.5989
4	0.9308
5	0.3888
6	0.1590
7	0.7101
8	0.4375
9	0.3432
10	0.0111
11	0.2052
12	0.8007

※乱数は一例です

④ 乱数の小さい順に 3 群（A_1、A_2、A_3）に分け、3 列目に制がん剤の濃度（A_1、A_2、A_3）を記入します。

※変化させる要素（ここでは濃度）を記入することを「**割り付け**」といいます

表 1.2　割り付け

〈並び替え〉　乱数小さい順

ねずみ No.	乱数	割り付け
10	0.0111	A_1
6	0.1590	A_1
11	0.2052	A_1
9	0.3432	A_1
2	0.3490	A_2
5	0.3888	A_2
8	0.4375	A_2
3	0.5989	A_2
7	0.7101	A_3
1	0.7800	A_3
12	0.8007	A_3
4	0.9308	A_3

〈並び替え〉　ねずみ No. 順

ねずみ No.	乱数	割り付け
1	0.7800	A_3
2	0.3490	A_2
3	0.5989	A_2
4	0.9308	A_3
5	0.3888	A_2
6	0.1590	A_1
7	0.7101	A_3
8	0.4375	A_2
9	0.3432	A_1
10	0.0111	A_1
11	0.2052	A_1
12	0.8007	A_3

ねずみ No.1 は、A_3 の濃度で実験し、データを収集する

⑤ 収集したデータを表 1.3 にまとめます。ここからは各ねずみのデータ（消失度）を X_1 ～ X_{12} で表します。

表 1.3 収集したデータを表にまとめる

A_1	A_2	A_3
X_6	X_2	X_1
X_9	X_3	X_4
X_{10}	X_5	X_7
X_{11}	X_8	X_{12}

この中での並びは任意

X_{12} は、ねずみ No.12 のデータを意味する

⑥ 収集したデータを検討します。

上記表を見ると、3つのグループで**局所管理**され、1グループにおいて4回の**反復**(4匹)で実験し、ねずみは**無作為**に抽出されています。先に述べたフィッシャーの3原則に基づき、データが収集されたといえます。

⑦ 実験結果のデータを表 1.5 のようにまとめます。

表 1.4 収集したデータ

制がん剤濃度		
A_1	A_2	A_3
X_6	X_2	X_1
X_9	X_3	X_4
X_{10}	X_5	X_7
X_{11}	X_8	X_{12}

表 1.5 投与後のがん消失度(%)

制がん剤濃度		
A_1	A_2	A_3
10%	15%	40%
10%	25%	50%
5%	35%	20%
15%	25%	20%

◆ 2変数の場合

ここでは2つの変数を取り扱う場合について考えてみます。

制がん剤の濃度(A_1、A_2、A_3)、制がん剤の種類(新製品＝B_1、既存品＝B_2)と、がんの消失度の関係を調べることにします。この例において2変数から作られる組み合わせ数は $2 \times 3 = 6$ 通りです。各組み合わせにそれぞれ2匹のねずみを割り付ける手順を以下に示します。

① 表 1.6 における乱数(1)、[濃度]割り付けは、先に述べた1変数の場合の①〜④の手順によって作成されたものです。

② 再度乱数を発生させます。 → 乱数(2)

次に、[濃度]割り付けが A_1 の中の4つについて、乱数(2)の小さい方から2つを B_1 の新製品、大きい方の2つを B_2 の既存品とします。A_2、A_3 についても同じことを行います。

表 1.6　割り付け、再度収集する

〈並べ替え〉 濃度、乱数（2）の小さい順

ねずみ No.	乱数 (1)	[濃度] 割り付け	乱数 (2)	[種類] 割り付け
6	0.1590	A_1	0.0899	B_1
9	0.3432	A_1	0.1062	B_1
11	0.2052	A_1	0.3709	B_2
10	0.0111	A_1	0.6909	B_2
2	0.3490	A_2	0.5934	B_1
5	0.3888	A_2	0.6335	B_1
3	0.5989	A_2	0.6936	B_2
8	0.4375	A_2	0.8226	B_2
1	0.7800	A_3	0.0406	B_1
7	0.7101	A_3	0.3292	B_1
12	0.8007	A_3	0.7898	B_2
4	0.9308	A_3	0.8685	B_2

〈並べ替え〉 ねずみ No. 順

ねずみ No.	乱数 (1)	[濃度] 割り付け	乱数 (2)	[種類] 割り付け
1	0.7800	A_3	0.0406	B_1
2	0.3490	A_2	0.5934	B_1
3	0.5989	A_2	0.6936	B_2
4	0.9308	A_3	0.8685	B_2
5	0.3888	A_2	0.6335	B_1
6	0.1590	A_1	0.0899	B_1
7	0.7101	A_3	0.3292	B_1
8	0.4375	A_2	0.8226	B_2
9	0.3432	A_1	0.1062	B_1
10	0.0111	A_1	0.6909	B_2
11	0.2052	A_1	0.3709	B_2
12	0.8007	A_3	0.7898	B_2

ねずみ No.12 は、A_3 の濃度、B_2 の既存品を割り付け、実験する

③ 収集したデータを表 1.7 にまとめます。

表 1.7　収集したデータを表にまとめる

B \ A	A_1	A_2	A_3
B_1	X_6 X_9	X_2 X_5	X_1 X_7
B_2	X_{10} X_{11}	X_3 X_8	X_4 X_{12}

この中での並びは任意

④ 収集したデータを検討します。

上記表を見ると、6 つのグループで局所管理され、1 グループにおいて 2 回の反復（2 匹）で実験し、ねずみは無作為に抽出されています。先に述べたフィッシャーの 3 原則に基づき、データが収集されたといえます。

⑤ 実験結果を表 1.8 のようにまとめます。

表 1.8　投与後のがん消失度（%）

		制がん剤濃度		
		A_1	A_2	A_3
制がん剤種類	B_1	10% 10%	15% 25%	40% 50%
	B_2	5% 15%	35% 25%	20% 20%

1.3 ◆ 実験計画法における用語

実験計画法における用語を「制がん剤の濃度（A_1、A_2、A_3）、制がん剤の種類（新製品＝B_1、既存品＝B_2）と、がんの消失度」を例に、説明します。

統計用語の一般的な使い方としては、「制がん剤の濃度」や「制がん剤の種類」を項目あるいは**変数**といい、A_1、A_2、A_3 や B_1、B_2 を**カテゴリー**といいます。

実験計画法では、前者（実験に意図的に取り上げた項目あるいは変数）を**因子**、後者（因子のカテゴリー）を**水準**、そして実験より得た測定値、この例では消失度を**特性値**といいます。特性値のデータ形式は、数量となります。

2因子を用いた実験で、両因子の水準数を乗じた値を**組み合わせ数**といいます。表1.9における組み合わせ数は 2 × 3 = 6 となります。

表 1.9　収集したデータ（2因子の実験）

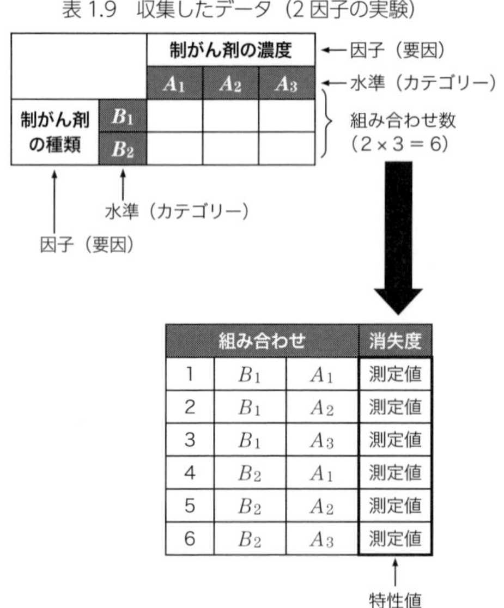

その他の用語チェック

□ **要因**

結果に対して影響のある、あるいはあると思われる要素

□ **効果**

因子が特性値に与える影響

□ **主効果**

1 つの因子が他の因子の影響を受けずに単独に及ぼす効果

□ **交互作用**

2 つ以上の因子が互いに影響を及ぼしあって、異なった働きを行う効果

1.4 実験計画法におけるデータ解析の仕方

◆ 実験計画法の手法を選ぶ

実験計画法の手法は、データ収集の際の実験方法、分析に適用する項目の数に合わせて、使い分けされます。

主な手法のデータ種類と手法から明らかにできることを簡単に説明します。

注：手法で用いるデータは、母集団が正規分布に従っていて、母分散が等しいことが前提です 参照 34ページ

一元配置法………… 実験で取り上げた因子（要因）の数が1つで、水準が3つ以上のデータ

- 因子が目的となる事柄（特性値）に影響を及ぼしているか否か（因子の効果）
- 3集団（3水準）以上の母平均がすべて等しいか否か

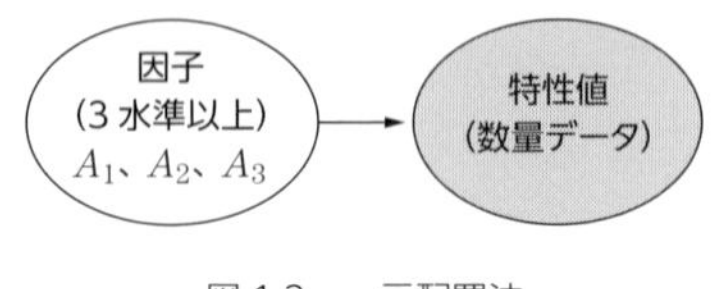

図1.3 一元配置法

二元配置法………… 実験で取り上げた因子（要因）の数が2つで、どちらの因子も水準が2つ以上のデータ

- 因子 A と B が目的となる事柄（特性値）に影響を及ぼしているか否か（因子の効果）及び因子 A と B の交互作用を明らかにする
- 因子 A の母平均がすべて等しいか否か（均等性）
- 因子 B の母平均がすべて等しいか否か（均等性）

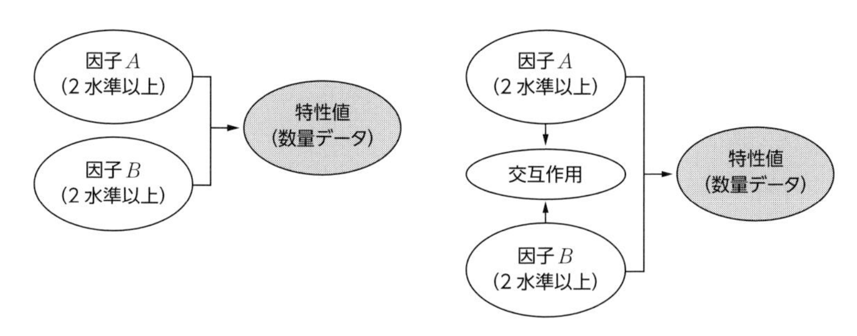

図 1.4　二元配置法

多重比較法…………　一元配置法、二元配置法で適用したデータ

- 一元配置法、二元配置法で、「因子が目的となる事柄（特性値）に影響を及ぼしている（効果がある）」「母平均が等しくない（水準の間で差がある）」と得られた場合、水準間での優劣（水準の比較）を判断する

表 1.10　多重比較法

■　一元配置法の場合

特性値に影響を及ぼしている水準の優劣は？

因子 A		
A_1	A_2	A_3

↓

A_1 と A_2 比較
A_1 と A_3 比較
A_2 と A_3 比較

■　二元配置法の場合

特性値に影響を及ぼしている因子A、因子Bの水準の優劣は？

		因子 A		
		A_1	A_2	A_3
因子 B	B_1			
	B_2			

↓

A_1 と A_2 比較
A_1 と A_3 比較
A_2 と A_3 比較
B_1 と B_2 比較

直交表実験計画法…　因子（要因）の数が多く、因子の水準数がすべて「2 個」または「3 個」のデータ

※水準が 4 以上については、本書では割愛

- すべての組み合わせ数について実験を行わず、一部の組み合わせについてデータを収集。明らかにできることは、二元配置法と同様

◆ 実験計画法は分散分析法を用いてデータを解析する

12ページで述べた「実験計画法の手法から明らかにできること」を、どのような方法で調べるか説明します。

2つの集団（水準）の平均値に違いがあるかどうかは、母平均の差の検定（t検定）といわれる手法で調べることができます。しかし、集団（水準）が3つ以上になった場合、3つ以上の集団（水準）の平均値に違いがあるかどうかは、データを変動させる要因、つまり「分散（バラツキ）」の大きさの違いで調べます。これを**分散分析**（Analysis of Variance）といいます。

参照 分散分析法の計算方法、結果の見方・活用の仕方については、20ページ参照

◆ 統計的検定を行い、結論を導く

「実験で取り上げた因子が特性値に影響を与えているか否か」「3集団（3水準）以上の母平均がすべて等しいか否か」は、分散分析法により把握します。そして、この把握したことが正しいかどうか検定によって判断し、結論を導きます。実験計画法の検定は、分散分析法によって求められた分散比（F値）を用いて行います。検定手順は、統計的検定と同様です。

《実験計画法の検定手順》

1. 「帰無仮説」を立てる
2. 「対立仮説」を立てる
3. 有意水準を決定する
4. 棄却限界値を求める
5. 統計量の値（分散比F値）またはp値を求め、棄却限界値より大きいか小さいかどうか調べる
6. 結論を導く

参照 検定の計算方法、結果の見方・活用の仕方については、28ページ参照

◆ 本書の上手な読み方

実験計画法の解析は、一言でいうと、分散分析法で「統計量の値」と「p値」を算出し、p値が0.05より大きいか小さいかを調べれば結論が出ます。

統計量やp値の算出は、パソコンの普及に伴い、Excelの機能やExcelのア

ドインソフトを正しく適用すれば、簡単に求められます。

しかし、本書では、実験計画法を理解していただくために、どの章でも公式に基づいて計算する方法をベースに解説をしています。

既に実験計画法を理解されている方は、次に示す表の工程「分散分析法」「統計量の値・p 値を求める」をとばして、ご覧ください。

逆に「分散分析法」や「検定」の内容につまずかれた方は、「第2章　一元配置法」に詳しく解説していますので、そちらをご覧ください。

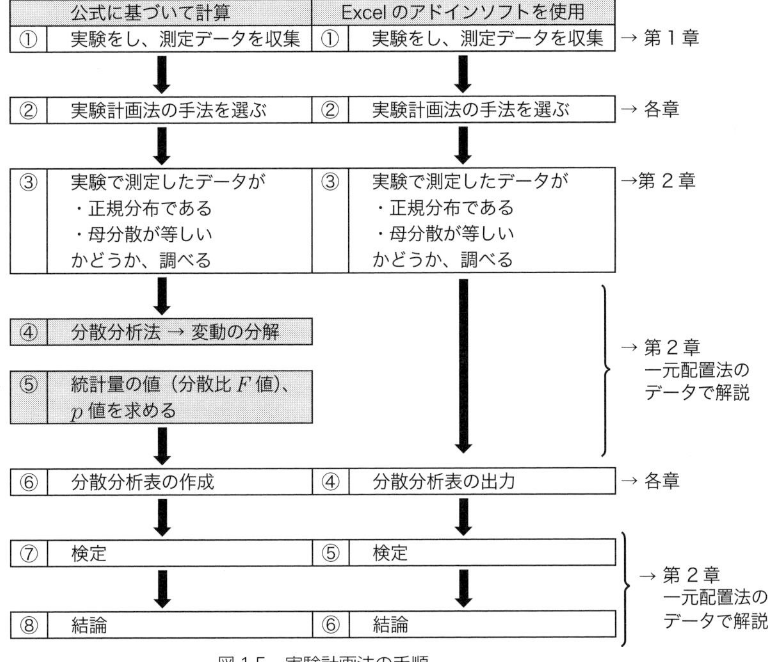

図 1.5　実験計画法の手順

- 本書の解析結果の数値は、Excel で計算した表示です。見た目の表示は、四捨五入された値ですが、計算過程では四捨五入されないまま算出しています。よって、本書の数値表示をもとに手計算で四則演算した場合、若干、小数点や下桁の値に誤差が生じる場合があります

- Excel 分析ツールで出力した結果は、見やすくするために小数点の位置を変更して表示しました

- 解析の途中経過で平均値を算出しています。平均値は、収集したデータ（測定値）の合計を「件数」で割って算出します。横計・縦計の平均値を求める場合も同様です。数表結果から各水準の平均値を水準数で割るのは誤りです。正しい平均の算出方法を示します

表 1.11 平均値の算出方法

データ

No.	性別	年代	海外旅行回数
1	女性	40才以上	2
2	女性	40才以上	2
3	女性	30才代	3
4	女性	30才代	5
5	女性	30才代	6
6	女性	20才代	8
7	女性	20才代	10
8	男性	40才以上	1
9	男性	40才以上	3
10	男性	40才以上	2
11	男性	30才代	7
12	男性	30才代	5
13	男性	30才代	6
14	男性	20才代	4
15	男性	20才代	4
16	男性	20才代	3
17	男性	20才代	5

件数：海外旅行回数

水準名	40才代	30才代	20才代	横計
女性	2	3	2	7
男性	3	3	4	10
縦計	5	6	6	17

合計：海外旅行回数

水準名	40才代	30才代	20才代	横計
女性	4	14	18	36
男性	6	18	16	40
縦計	10	32	34	76

平均値：海外旅行回数

水準名	40才代	30才代	20才代	横計
女性	2.0	4.7	9.0	5.1
男性	2.0	6.0	4.0	4.0
縦計	2.0	5.3	5.7	4.5

【正】女性の平均値＝女性の横計 36 ÷ 7=5.1
【誤】女性の平均値＝ (2.0 + 4.7 + 9.0) ÷ 3 ＝ 5.2

第2章

一元配置法

2.1 一元配置法によって明らかにできること

一元配置法は1つの因子（要因）を分析する手法なので、一元という名称が付けられました。1つの因子（要因）を取り扱う一元配置法は、次に示す2つの事柄を明らかにする手法です。

1．因子（要因）の効果を明らかにする

1の具体例

制がん剤の濃度とがんの消失度との関係を調べるために、ねずみを使用して実験を行った。制がん剤は3種類の濃度を設定し、それぞれ4匹のねずみを無作為に割り付けた。3種類×4匹＝12匹のねずみについて、発がん物質によって一定以上のがん細胞を発生させた後に制がん剤を投与し、1カ月経過後にがん細胞の消失度（%）を測定した。12匹のねずみの消失度の変化を分析し、制がん剤の濃度を変えたことによる効果を明らかにする。

2．3集団（3水準）以上の母平均がすべて等しいかどうかを明らかにする

2の具体例

かつて、洗濯機はHメーカー、テレビはMメーカーがよいといわれたことがある。最近は家電製品の性能に差がなくなっているので、価格が安いものを買うのがよい。このことを検証するためにH､M､Nの3メーカーの洗濯機ユーザーの評価調査を行った。各人の評価から、洗濯機における3メーカーの性能が同じか否かを判断する。

留意点

2のテーマにおいて、一元配置法から把握できることは3メーカーの性能がすべて等しいかどうかで、H、M、Nのうちどのメーカーがよいとか、個々のメーカー間を比較しMよりHがよいといったことは把握できません。このことを把握したい場合は、一元配置法で3メーカーが等しいといえないと判断された後に、多重比較法（第6章）によるメーカー間相互の母平均の差の検定を行います。

2.2 一元配置法におけるデータの形式

下記表は具体例 1、2 におけるデータです。

表 2.1 は、ねずみ 12 匹について、がん消失度、測定した濃度を調査したものです。表 2.2 は、10 人について、洗濯機の評価、測定したメーカーを調査したものです。この表におけるデータを並べ替えたものが、表 2.3、表 2.4 です。表 2.3、表 2.4 の型で整理した表のことを一元配置法の型といいます。

表 2.1 測定データ

	数値データ	分類データ
個体 No	消失度 (%)	濃度
1	40	3
2	15	2
3	25	2
4	50	3
5	35	2
6	10	1
7	20	3
8	25	2
9	10	1
10	5	1
11	15	1
12	20	3

1...10ml
2...20ml
3...40ml

表 2.2 測定データ

	数値データ	分類データ
個体 No	点数	メーカー
1	8	2
2	4	1
3	1	3
4	5	1
5	3	3
6	9	2
7	10	2
8	7	1
9	8	1
10	5	3

1...H メーカー
2...M メーカー
3...N メーカー

表 2.3 一元配置法の型

消失度 (%)

制がん剤濃度		
10ml	20ml	40ml
10	15	40
10	25	50
5	35	20
15	25	20

表 2.4 一元配置法の型

点数

メーカー		
H メーカー	M メーカー	N メーカー
4	8	1
5	9	3
7	10	5
8		

一元配置法に適用できるデータ形式は、特性値（実験より得た測定値）が数量で、水準（分類項目のカテゴリー）は3つ以上あり、いずれの水準も複数個のデータが存在しなければなりません。なお、各水準のデータ数は表2.4に見られるように異なっていてもかまいません。

2.3 分散分析法

「実験で取り上げた因子（要因）が目的となる事柄（特性値）に影響を及ぼしているかどうか（因子の効果があるか否か）」を明らかにしたい場合、特性値の平均値を用いて解析します。その際、因子の集団（水準）の数によって手法が異なります。

集団（水準）の数が2つの場合、2つの集団（水準）の平均値に違いがあるかどうかは、母平均の差の検定（t検定）といわれる手法を用いて解明します。

しかし、集団（水準）が3つ以上になった場合、3つ以上の集団（水準）の平均値に違いがあるかどうかは、個々のデータを変動させる要因、つまり「分散（バラツキ）」の大きさの違いで調べます。これを**分散分析**（Analysis of Variance　略して **ANOVA**）といいます。

分散分析は、分散を分析するのではなく、分散を用いて、3つ以上の水準の平均値を解析し、因子（要因）による効果があるか否かを把握します。

バラツキについて、具体例1の表2.3がん消失度のデータで見てみましょう。このデータをグラフで表すと、図2.1のようになります。

この図から明らかなように、濃度が変わると消失度は変化します。また、1つの濃度に着目すると、同じ濃度でも消失度が一定になるのではなく、ねずみによってばらついていることがわかります。例えば、濃度40mlでは、最低20%から最高50%までばらついています。

表 2.3 再掲　一元配置法の型

消失度 (%)

制がん剤濃度		
10ml	20ml	40ml
10	15	40
10	25	50
5	35	20
15	25	20

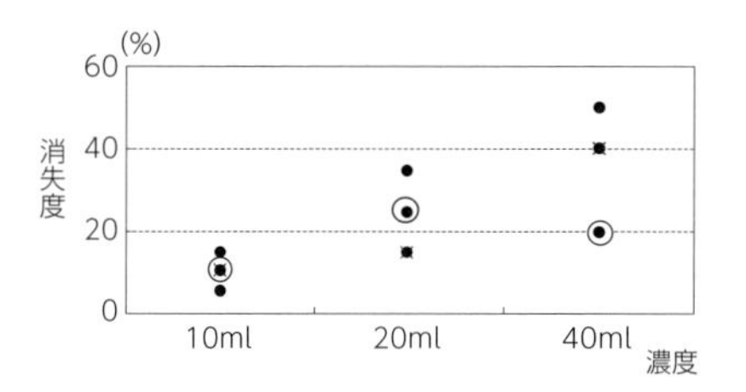

注：○は同じデータが重なっていることを示しています

図 2.1 「表 2.3」のグラフ

すなわち、図 2.1 で示されたデータ全体のバラツキの中には、

ア. 測定濃度の水準を変えたことによるバラツキ

イ. 同じ測定濃度のもとで実験を繰り返したときに起こるバラツキ

が、混合していることがわかります。

この実験全体の持っているバラツキを**全体変動**、「ア」におけるバラツキを**因子間変動**（**級間変動**）、「イ」におけるバラツキを**誤差変動**（**級内変動**）といいます。

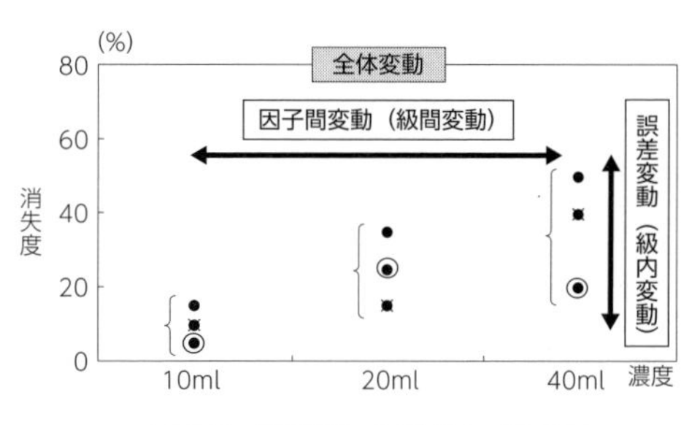

図 2.2 「表 2.3」のグラフ　バラツキ

ここでもし測定濃度の水準を変えたことによって、データのバラツキが大きくなったとすれば、因子間変動と誤差変動の割合は図 2.3a のように因子間変動が大きくなります。

測定濃度を変えてもバラツキが大きくならなければ、図 2.3b のように因子間変動の割合は小さくなります。

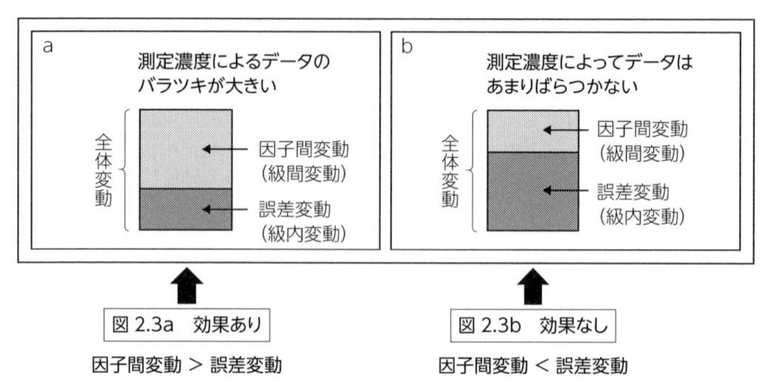

図 2.3 因子間変動と誤差変動の割合

図 2.3a、図 2.3b から明らかなように、因子間変動の割合が大きければ、因子の水準を変えたことによって効果があった（濃度を変えたことによって、効果があった）と考えます。いいかえるならば因子の効果は、因子間変動と誤差変動の比較によって決まります。

このことから、分散分析法は、データの持っている全体変動を、因子と誤差の変動に分けて、因子による効果を調べます。

分散分析法では、因子の効果だけでなく、すべての水準の母平均が等しいかどうかも調べられます。

具体例 2 の表 2.2 洗濯機の点数データについて、グラフを作成してみます。

表 2.4 再掲 一元配置法の型

点数

メーカー		
Hメーカー	Mメーカー	Nメーカー
4	8	1
5	9	3
7	10	5
8		

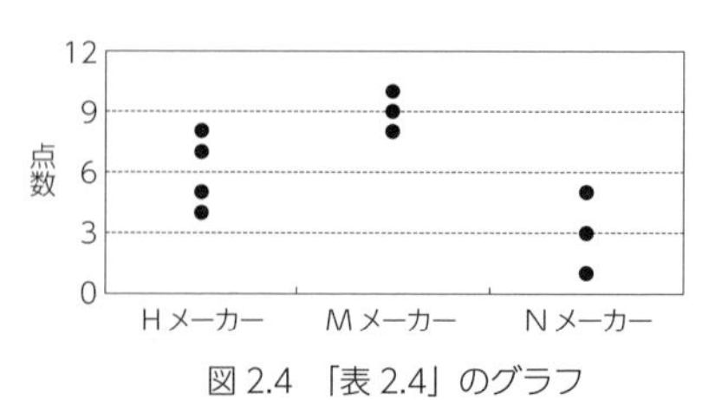

図 2.4 「表 2.4」のグラフ

図 2.4 で示されたデータ全体のバラツキの中には、次の 2 つがあります。

ア．H、M、N の 3 メーカーの違いによるバラツキ ……… 因子間変動
イ．同じメーカー内での回答者の違いによるバラツキ …… 誤差変動

「ア」の因子間変動（級間変動）と「イ」の誤差変動（級内変動）の大きさを比較します。

「ア」の因子間変動が大で、「イ」の誤差変動が小なら「3 メーカーの評価は等しいといえない」、因子間変動が小で、誤差変動が大なら「3 メーカーの評価は等しい」という結論を出します。

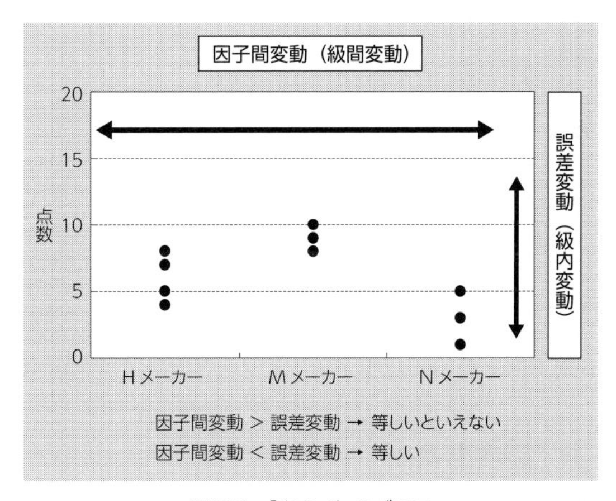

図 2.5 「表 2.4」のグラフ

2.4 変動の分解

分散分析法は、データの持っている全体変動を、因子間と誤差の変動に分けて、因子による効果を調べると先に述べました。

このデータの全体変動を因子間や誤差の変動に分けることを「**変動の分解**」といいます。どのような方法で変動を分解するか、表2.4の洗濯機の点数データで、考えてみましょう。

◆ 全体変動

はじめに、10人全体の平均とバラツキを求めます。バラツキは**偏差平方和**で表します。

求められた偏差平方和の値（個々のデータから全体平均を引いた値の平方の合計）を、一元配置法では、**全体変動**と呼びます。

$$全体平均 = \{(4+5+7+8)+(8+9+10)+(1+3+5)\} \div 10 = 6$$

$$全体変動 = (4-6)^2+(5-6)^2+\cdot\cdot\cdot\cdot+(1-6)^2+(3-6)^2+(5-6)^2 = 74$$

◆ 誤差変動（級内変動）

個々のデータが各水準の平均に対して、どれほどばらつくか表すものです。

図2.6に示すように、各メーカーにおける評価点のかたまりを「級（クラス）」と考え、各々の級内の変動を偏差平方和によって計算します。

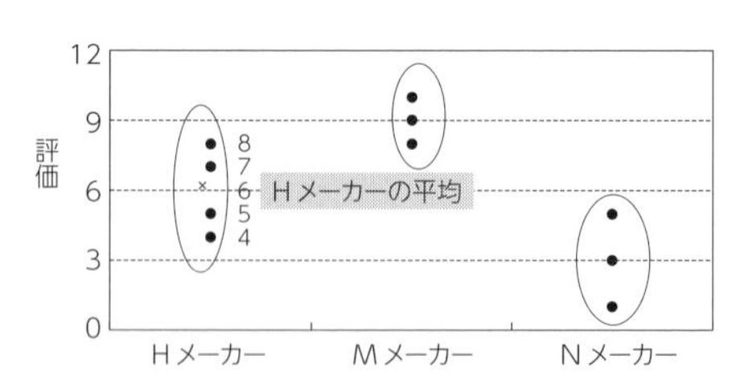

図2.6 各メーカーにおける評価点のかたまり

H メーカーの平均　= $(8 + 7 + 5 + 4) \div 4 = 6$

H メーカーの偏差平方和　= $(8 - 6)^2 + (7 - 6)^2 + (5 - 6)^2 + (4 - 6)^2 = 10$

（↑ H メーカーの平均）

表 2.4 再掲　一元配置法の型

メーカー		
H メーカー	M メーカー	N メーカー
4	8	1
5	9	3
7	10	5
8		

表 2.5　各メーカーの偏差平方和

	メーカー		
	H メーカー	M メーカー	N メーカー
人数	4	3	3
点数合計	24	27	9
点数平均	6	9	3
偏差平方和	10	2	8

各メーカーの偏差平方和を加算した値を**誤差変動**、別名、**級内変動**といいます。

誤差変動（級内変動）= $10 + 2 + 8 = 20$

◆ 因子間変動（級間変動）

各水準の平均が全体平均に対して、どれほどばらつくものであるかを表すものです。

図 2.7 は各メーカーの平均値をプロットしたものです。求められた 3 つの平均値の偏差平方和を求めます。

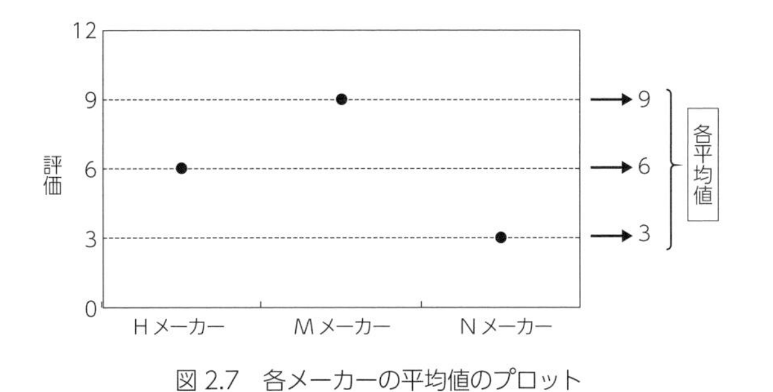

図 2.7　各メーカーの平均値のプロット

3つのメーカーの平均 $= (6 + 9 + 3) \div 3 = 6$

3つのメーカーの偏差平方和 $= (6 - 6)^2 + (9 - 6)^2 + (3 - 6)^2$

↑ Hメーカー ↑ Mメーカー ↑ Nメーカー

ただし、上記の計算をするときに、各メーカーを評価した人数を次式に示すように反映します。

Hメーカー 4人 ↓ Mメーカー 3人 ↓ Nメーカー 3人 ↓

$4 \times (6 - 6)^2 + 3 \times (9 - 6)^2 + 3 \times (3 - 6)^2 = 0 + 27 + 27 = 54$

この値を**因子間変動**、別名、**級間変動**といいます。

◆ 変動の分解

因子間変動54と誤差変動20を加算すると74になり、この値は全体変動と一致します。偶然ではなく、どんなデータにおいても必ず一致します。

この本では、全体変動をS_T、因子間変動をS_A、誤差変動をS_E、の略記号で表します。

$$S_T = S_A + S_E$$

2.5 ◆因子効果の検定方法

「実験で取り上げた因子（要因）が目的となる事柄（特性値）に影響があったかどうか」あるいは「3集団以上の母平均が等しいか否か」は、誤差変動（S_E）に対する因子間変動（S_A）の大きさを比較すれば把握できることを先に述べました。

一般的に、この2つの変動を比較するには、それぞれの自由度、不偏分散を求めて、分散比を算出し、分散比によるF検定を行うのが普通です。

因子の変化によって、特性値に影響が現れることを「因子効果がある」といい、この検定を「因子効果の検定」と呼びます。

一元配置法では、分散比を用いて検定を行えば、因子効果があったかどうかを解明することができます。

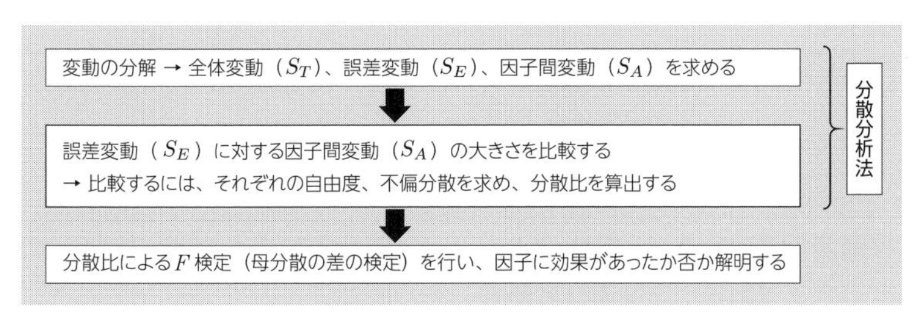

図 2.8　因子の効果があったか否かを解明するための手順

分散比の求め方を説明します。

◆ 自由度

全体変動、因子間変動、誤差変動の自由度を、f_T、f_A、f_Eとします。

S_T、S_A、S_Eのそれぞれの自由度は、（式 2.1）によって求められます。

全体変動（S_T）の自由度　$f_T = n - 1$　・・・（式 2.1）

因子間変動（S_A）の自由度　$f_A = a - 1$

誤差変動（S_E）の自由度　$f_E = n - a$

（ただし、aは水準数、nは全データ数）

$S_T = S_A + S_E$　が成立するのと同様に、（式 2.2）が成立します。

$f_T = f_A + f_E$　・・・（式 2.2）

◆ 不偏分散

不偏分散は、偏差平方和を自由度で割った値で、V、V_A、V_Eとします。

S_T、S_A、S_Eに対する不偏分散は、（式 2.3）によって求められます。

全体変動（S_T）の不偏分散　$V = S_T/f_T$　・・・(式 2.3)

因子間変動（S_A）の不偏分散　$V_A = S_A/f_A$

誤差変動（S_E）の不偏分散　$V_E = S_E/f_E$

◆ 分散比

因子間変動の不偏分散（V_A）と、誤差変動の不偏分散（V_E）の比を分散比といいます。

V_AをV_Eで割った値が分散比（F）です。この分散比は、統計量の値になります。

$F = V_A/V_E$・・・(式 2.4)

Fは帰無仮説のもとで、自由度f_A、f_EのF分布に従うことが統計学で証明されています（本書では証明は省略）。

2.6 検定の手順

効果や違いを調べる場合、すべての人やものを対象に実験を行えばわかりますが、それは不可能です。そのため、一部の人に実験をして、そこで得られたデータが世の中の多くの人たちやものに通じるか検証します。この検証する方法を統計的検定といいます。具体的には、「等しい」という仮説を立て、統計的手法を用いて、この仮説が正しいかを確認することです。

実験計画法の検定は、統計的検定と同様です。分散分析法により把握したことが正しいかどうか仮説を立て、検証し、結論を導きます。実験計画法の検定は、分散分析法によって求められた分散比（F値）を用いて行います。

実験計画法の検定は、次の手順によって行います。

手順	詳細
①帰無仮説 を立てる	「等しい」といった仮説のこと 「因子間変動は、誤差変動に等しい」
②対立仮説 を立てる	「異なる」といった仮説のこと 「因子間変動は、誤差変動よりも大きい」
③自由度 f_A, f_E を求める	$f_A = a - 1$、$f_E = n - a$ ただし、a は水準数、n はデータ数
④有意水準 α を定める	「外れる・間違う確率」のこと 「外れる・間違う確率」を表す場合に、有意水準 α と表現する 有意水準 α は 0.01（1%）、0.05（5%）のどちらかを適用する
⑤統計量の値を求める	統計量の値は、分散比（F）
⑥棄却限界値 $F_0(f_A, f_E, \alpha)$ を F 分布より求める	帰無仮説を棄却する統計量の値 Excel 関数 ＝ FINV（有意水準 α, f_A, f_E） で求められる 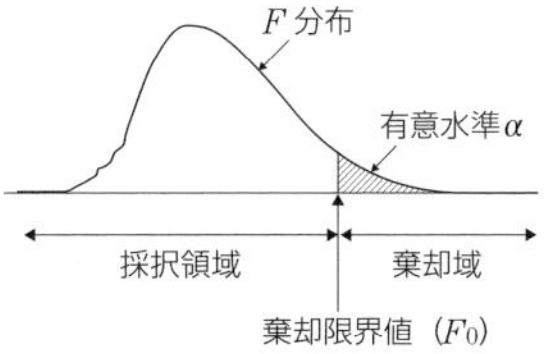 F 分布 有意水準 α 採択領域 棄却域 棄却限界値（F_0）
⑦有意差判定 統計量の値 (F) が棄却限界値 (F_0) より大きいか小さいかどうか調べる ↓ F と F_0 の比較	**有意水準 α = 0.01 を用いた場合** $F \geqq F_0(f_A, f_E, 0.01)$ であれば判定マークは [**] ↓ 帰無仮説を棄却する 対立仮説を採択する 有意水準 1%で適用した因子は「有意である」つまり「因子効果がある」 - - - - - - - - **有意水準 α = 0.05 を用いた場合** $F \geqq F_0(f_A, f_E, 0.05)$ であれば判定マークは [*] ↓ 帰無仮説を棄却する 対立仮説を採択する 有意水準 5%で適用した因子は「有意である」つまり「因子効果がある」 $F < F_0(f_A, f_E, 0.05)$ であれば判定マークは [ ] ↓ 帰無仮説を棄却できない 有意水準 5%で適用した因子は、「有意でない」つまり「因子効果がなし」

手順	詳細
⑧有意確率 p 値を求める	F 分布における F_0 に対する確率（図上の斜線部分）を p 値という p 値は手計算で求めることが困難なため、Excel の関数を使って算出する Excel 関数 　$= \mathrm{FDIST}(F,\ f_A,\ f_E)$ 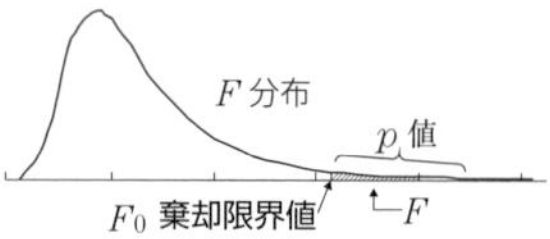 F 分布　p 値　F_0 棄却限界値　F **p 値から有意差判定を行うこともできる** $0 \leq p \leq 0.01$ であれば、[**]　→ 有意である $0.01 < p \leq 0.05$ であれば、[*]　→ 有意である $0.05 < p$ であれば、[ ]　→ 有意でない
⑨結論	**帰無仮説が棄却された場合** → 判定マークが [**] または [*] 「因子間変動は、誤差変動に等しい」といえない よって、対立仮説「因子間変動は誤差変動より大きい」を採択する つまり、「因子効果がある」「3 集団以上の母平均はすべて等しくない」となる この結論が得られたとき、適用した因子は、有意水準 α で「有意である」という そして、この結論が間違う確率は、有意水準 α より、α% である <表記例>有意水準 0.05 で、$p < p$ 値 [*] より、適用した因子は有意である
	帰無仮説が棄却できない場合　→　判定マークが [ ] 帰無仮説を採択し、「因子間変動は、誤差変動に等しい」といえる つまり、「因子効果がない」「3 集団以上の母平均はすべて同じ」となる この結論が得られたとき、適用した因子は有意水準 α で「有意でない」という そして、この結論が間違う確率は、有意水準 α より、α% である <表記例>有意水準 0.05 で、$p > p$ 値 [ ] より、適用した因子は有意でない

留意点

非常に重要なテーマで、間違う確率を小さくしたい場合は有意水準 $\alpha = 0.01$ を用いますが、一般的には有意水準 $\alpha = 0.05$ を適用します。したがって、$\alpha = 0.05$ では「効果がある」という結論であっても、有意水準 $\alpha = 0.01$ では「効果があるといえない」という結論になることもあります。

「**」の判定は厳しい $\alpha = 0.01$ で「有意である」ことを、「*」の判定は $\alpha = 0.05$ では「有意である」が、$\alpha = 0.01$ では「有意でない」ということを意味しています。

用語チェック

□ **有意差**

「有意差」とは、偶然や誤差で生じた差でなく、「意味のある差」を意味します。見た目の数字がどれほど大きく違っていても、「有意差」が付いていなければ、統計学的にそれは偶然の産物によるものとみなします。つまり、「有意差」は統計学的判断によって定められた差のことです

□ p **値**

Probability（確率）の頭文字です。p の値は 0 ～ 1 の間です

p 値は仮説検定で導き出した結論の誤る確率を示しています

p 値は小さくなるほど誤る確率は低くなり、母集団において効果がある（違いがある）という結論の確からしさが高まります

2.7 結論の表現の仕方

結論の表現の仕方は、「○○である」「○○であるとはいえない」「○○は差がある」など、様々です。仮説の内容によっては、複雑すぎて、結論がどちらになるか、わからなくなる場合があります。

ここで、表現の仕方をおさらいしましょう。

帰無仮説を棄却する	帰無仮説を棄却できない
分散比（F）が棄却限界値（F_0）より大きい p 値が 0.01 より小さい → [**] p 値が 0.05 より小さい → [*]	分散比（F）が棄却限界値（F_0）より小さい p 値が 0.01 より大きい → [ ] p 値が 0.05 より大きい → [ ]

（例 1）3 メーカーの評価に違いが（差が）あるか、同じか調べなさい

帰無仮説「3 メーカーの評価は等しい」を棄却する	帰無仮説「3 メーカーの評価は等しい」を棄却できない
「3 メーカーの評価は等しい」といえない ↓　ということは 3 メーカーの評価は、それぞれ異なる ↓　だから 3 メーカーで効果がある 3 メーカーに差がある 3 メーカーは有意である	「3 メーカーの評価は等しい」といえる ↓　ということは 3 メーカーの評価は、どれも同じ ↓　だから 3 メーカーで効果があるといえない 3 メーカーに差がない 3 メーカーは有意でない

（例 2）制がん剤の濃度を変えたことによって消失度に違いがあるか調べなさい

帰無仮説「濃度別の消失度は等しい」を棄却する	帰無仮説「濃度別の消失度は等しい」を棄却できない
「濃度別の消失度は等しい」といえない ↓　ということは 制がん剤の濃度別の消失度は異なる ↓　だから 制がん剤の濃度で消失度は差がある 制がん剤の濃度は効果がある 制がん剤の濃度は有意である	「濃度別の消失度は等しい」といえる ↓　ということは 制がん剤の濃度別の消失度は同じ ↓　だから 制がん剤の濃度で消失度は差があるといえない 制がん剤の濃度は効果がない 制がん剤の濃度は有意でない

2.8 一元配置法の公式

公式

表 2.6 は、一元配置の一般的な型を示したものです。

表 2.6　一元配置の型の例

個体＼水準		A_1	A_2	A_3	……	A_j	……	A_a	ただし、a ＝水準数
実験繰り返し	1	x_{11}	x_{12}	x_{13}	……	x_{1j}	……	x_{1a}	
	2	x_{21}	x_{22}	x_{23}	……	x_{2j}	……	x_{2a}	
	3	x_{31}	x_{32}	x_{33}	……	x_{3j}	……	x_{3a}	
	・	・	・	・		・		・	
	i	x_{i1}	x_{i2}	x_{i3}	……	x_{ij}	……	x_{ia}	全合計 ↓
	・	・	・	・		・		・	
個体数		n_1	n_2	n_3	……	n_j	……	n_a	n
計		T_1	T_2	T_3	……	T_j	……	T_a	T
平均		$\bar{x}_1$	$\bar{x}_2$	$\bar{x}_3$	……	$\bar{x}_j$	……	$\bar{x}_a$	$\bar{\bar{x}}$

全体変動　$S_T = \sum_{j=1}^{a}\sum_{i=1}^{n_j}(x_{ij} - \bar{\bar{x}})^2$　　**自由度**　$f_T = n - 1$

因子間変動　$S_A = \sum_{j=1}^{a}\sum_{i=1}^{n_j}(\bar{x}_j - \bar{\bar{x}})^2$　　**自由度**　$f_A = a - 1$

誤差変動　$S_E = \sum_{j=1}^{a}\sum_{i=1}^{n_j}(x_{ij} - \bar{x}_j)^2$　　**自由度**　$f_E = n - a$

◆ 分散分析表

公式によって求められたS、fなどの統計量を表にまとめたものと検定の結論をわかりやすく表にまとめたものを、分散分析表といいます。

表 2.7　各メーカーの分散分析表

要因	偏差平方和	自由度	不偏分散	分散比	p 値	有意差判定
全体変動	S_T	f_T	$V = S_T/f_T$			
因子間変動	S_A	f_A	$V_A = S_A/f_A$	$F = V_A/V_E$		＊印
誤差変動	S_E	f_E	$V_E = S_E/f_E$			

2.9 正規性、等分散性、頑健性

一元配置は正規性、等分散性の仮定を前提として適用する手法です。

ア．正規性

帰無仮説 ……………………… 母集団のデータは正規分布である
対立仮説 ……………………… 母集団のデータは正規分布でない

帰無仮説を棄却できるかどうかを調べます。
その結果から、対立仮説が採択できるかを明らかにします。
p 値＜ 0.05 は、帰無仮説を棄却でき、対立仮説を採択する。
よって、「母集団のデータは正規分布でない」といえる。
p 値＞ 0.05 は、帰無仮説を棄却できず、対立仮説を採択できない。
よって、「母集団のデータは正規分布でない」といえない。
これより、正規分布であると判断する。

イ．等分散性

帰無仮説 ……………………… 各水準における母集団の分散は等しい
対立仮説 ……………………… 各水準における母集団の分散は異なる

帰無仮説を棄却できるかどうかを調べます。
その結果から、対立仮説が採択できるかを明らかにします。
p 値＜ 0.05 は、帰無仮説を棄却でき、対立仮説を採択する。
よって、「各水準における母集団の分散は異なる」といえる。
p 値＞ 0.05 は、帰無仮説を棄却できず対立仮説を採択しない。
よって、「各水準における母集団の分散は異なる」といえない。
これより、各水準における母集団の分散は等しいと判断する。

ウ.頑健性

正規性、等分散性の仮定がある程度くずれていても、分析結果にあまり影響を与えない「**頑健性**（ロバストネス Robustness)」が存在します。

頑健性（ロバストネス）とは、環境の変化といった外乱の影響によって変化することを阻止する性質のことです。

統計学では、ある統計手法が仮定している条件を満たしていないときにも、ほぼ妥当な結果を与えるとき、頑健（頑健性を持つ）といいます。

統計的検定の有名な言葉

統計的仮説検定の立場は、帰無仮説を棄却する場合には積極的に、棄却しない場合には消極的に支持するということが原則である。

注：一元配置法で適用するデータが正規分布、等分散性でない場合、結論の正しさがあまり損なわなければ、その手法は頑健であるといいます。ゆえに、正規性、等分散性がなくても一元配置法は適用できるということです

「ア」「イ」の仮定がくずれ、分析結果に影響を与える場合は、一元配置法ではなく、クラスカル・ウォリス検定（Kruskal-Wallis）あるいはフリードマン検定を適用します。本書では、これらの検定の説明は、割愛します。

上記のことから、一元配置法を適用する前に、実験データが「正規分布に従っている」「母分散が等しい」ことを確認する必要があります。

確認方法は、下記の通りです。

- 正規分布に従っているかどうかの確認
  「適合度の検定による正規性の検定」または「シャピローウィルク（Shapiro-Wilk）の正規性の検定」で行います（本書では省略）

- 母分散が等しいかどうかの確認
  等分散性の検定（バートレットの検定）で行います
  → 3つ以上の集団の分散が等しいかどうかを検定する手法です

2.10 等分散性の検定（バートレットの検定）

3つ以上の集団の分散が等しいかどうかを検定する手法です。

実験計画法の手法を用いる前に、実験で測定したデータが母分散であるかどうか調べる際に適用します。

公式

帰無仮説　各水準の分散は等しい

対立仮説　各水準の分散は異なる（片側検定なし）

統計量

表 2.8　基本統計量

水準	1	2	…	i	…	a	計
件数	n_1	n_2	…	n_i	…	n_a	n
平均	$\bar{x}_1$	$\bar{x}_2$	…	$\bar{x}_i$	…	$\bar{x}_a$	$\bar{\bar{x}}$
分散	${u_1}^2$	${u_2}^2$	…	${u_i}^2$	…	${u_a}^2$	

$$A = 1 + \frac{1}{3(a-1)}\left[\sum_{i=1}^{a}\frac{1}{n_i - 1} - \frac{1}{n-a}\right]$$

$$B = (n-a)\log V_E - \sum(n_i - 1)\log {u_i}^2$$

注：log は自然対数、V_E は分散分析表の値、a は水準数

$$T = \frac{B}{A}$$

T は自由度 $a-1$ の x^2 分布に従う

棄却限界値　$x^2(a-1, \alpha)$

判定　$T \geq x^2(a-1, \alpha)$ なら帰無仮説を棄却し、対立仮説を採択

$T < x^2(a-1, \alpha)$ なら帰無仮説は棄却できない

表 2.4 の洗濯機の評価について、バートレットの検定を適用します。

※本書の解析結果の数値は、Excel で計算した表示です

見た目の表示は、四捨五入された値ですが、計算過程では四捨五入されないまま算出しています。よって、本書の数値表示をもとに手計算で四則演算した場合、若干、小数点や下桁の値に誤差が生じる場合があります

表 2.4 再掲　一元配置法の型

メーカー		
Hメーカー	Mメーカー	Nメーカー
4	8	1
5	9	3
7	10	5
8		

表 2.9　基本統計量

	Hメーカー	Mメーカー	Nメーカー
n	4	3	3
合計	24	27	9
平均	6	9	3
分散	3.33	1	4

※分散＝偏差平方和÷ $(n-1)$

水準数 $a=3$

分散 $u_1{}^2=\left\{(4-6)^2+(5-6)^2+(7-6)^2+(8-6)^2\right\}\div 3=\dfrac{10}{3}=3.33$

分散 $u_2{}^2=\left\{(8-9)^2+(9-9)^2+(10-9)^2\right\}\div 2=\dfrac{2}{2}=1$

分散 $u_3{}^2=\left\{(1-3)^2+(3-3)^2+(5-3)^2\right\}\div 2=\dfrac{8}{2}=4$

帰無仮説

各メーカー評価点の分散は等しい。

対立仮説

各メーカー評価点の分散は異なる（片側検定なし）。

統計量

誤差変動 $V_E=2.86$ 参照 求め方は 41 ページ

$$A=1+\frac{1}{3(a-1)}\left[\frac{1}{n_1-1}+\frac{1}{n_2-1}+\frac{1}{n_3-1}-\frac{1}{n-a}\right]$$

$$=1+\frac{1}{3\times 2}\left[\frac{1}{(4-1)}+\frac{1}{(3-1)}+\frac{1}{(3-1)}-\frac{1}{(10-3)}\right]$$

$$=1.198$$

$$B=(n-a)\log V_E-(n_1-1)\log u_1{}^2-(n_2-1)\log u_2{}^2-(n_3-1)\log u_3{}^2$$

$$=(10-3)\log 2.86-(4-1)\log 3.33-(3-1)\log 1-(3-1)\log 4$$

$$=7\times 1.0498-3\times 1.2040-2\times 0-2\times 1.3863$$

$$=0.964$$

$$T=\frac{B}{A}=\frac{0.964}{1.198}=0.805$$

log2.86 → 1.0498 は Excel 関数 LN を使って求めます。

LN は、数値の自然対数を返します。

Excel 関数 = LN (2.86)

log3.33、log1、log4 の値も上記のように求めます。

棄却限界値

有意水準 0.05 の棄却限界値$x^2(a-1, \alpha)$を Excel の関数で求めます。

Excel 関数 = CHIINV(0.05, 2)

↑ 有意水準　↑ 水準数$a-1$

有意水準 0.05 の棄却限界値$x^2(a-1, \alpha)$の値は、5.991 となります。

判定

$T < 5.991$より、帰無仮説は棄却できない。

結論

各メーカーの評価点の分散は異なるといえない（→ 母分散は等しい)。

留意点

「各水準における母分散が等しい」ことが、なぜ望ましいかを考えてみます。

表 2.4 再掲　一元配置法の型

点数

メーカー		
Hメーカー	Mメーカー	Nメーカー
4	8	1
5	9	3
7	10	5
8		

表 2.10　各メーカーの分散

	Hメーカー	Mメーカー	Nメーカー
個体数	$n_1=4$	$n_2=3$	$n_3=3$
自由度	$n_1-1=3$	$n_2-1=2$	$n_3-1=2$
偏差平方和	10	2	8
分散	${u_1}^2=10\div 3=3.33$	${u_2}^2=2\div 2=1$	${u_3}^2=8\div 2=4$

分散の加重平均を求めてみます。

$$\frac{(n_1-1){u_1}^2+(n_2-1){u_2}^2+(n_3-1){u_3}^2}{(n_1-1)+(n_2-1)+(n_3-1)}$$

$$=\frac{3\times 3.33+2\times 1+2\times 4}{3+2+2}=\frac{10+2+8}{7}=\frac{20}{7}$$

$$=2.86$$

この値は表2.12（41ページ）で示す不偏分散V_Eと一致します。

すなわち、不偏分散V_Eは各水準の分散${u_1}^2$、${u_2}^2$、${u_3}^2$の加重平均で、V_Eが${u_1}^2$、${u_2}^2$、${u_3}^2$に近い値であることを仮定しています。

したがって、「${u_1}^2$、${u_2}^2$、${u_3}^2$は等しい」、すなわち母分散は等しくなければいけないということになります。

2.11 一元配置法を公式に基づき計算する

例題 2-1

3つのメーカーの洗濯機H、M、Nに対する評価を10点満点で調査しました。3メーカーの評価が等しいといえるかを調べなさい。

Hメーカー	Mメーカー	Nメーカー
4	8	1
5	9	3
7	10	5
8		

解答

3集団以上の母平均がすべて等しいかどうかを明らかにしたい場合、「2.2 一元配置法におけるデータの形式」で述べた一元配置法を適用することにより解決できます。

① データは正規分布に従っている、母分散は等しい。参照 34 ページ

② 各水準の個体数、合計と平均値を算出します。

表 2.11 各メーカーの件数、合計、平均

	Hメーカー	Mメーカー	Nメーカー	全体
個体数	4	3	3	10
合計	24	27	9	60
平均	6	9	3	6

③ 一元配置法の公式を用い、S_T、S_A、S_E、f_T、f_A、f_E を求めます。

全体変動
$$S_T = \sum_{j=1}^{a}\sum_{i=1}^{n_j}(x_{ij} - \bar{\bar{x}})^2$$
$$= \{(4-6)^2 + (5-6)^2 + (7-6)^2 + (8-6)^2\} +$$
$$\{(8-6)^2 + (9-6)^2 + (10-6)^2\} +$$
$$\{(1-6)^2 + (3-6)^2 + (5-6)^2\} = 74$$

因子間変動
$$S_A = \sum_{j=1}^{a}\sum_{i=1}^{n_j}(\bar{x}_j - \bar{\bar{x}})^2$$
$$= n_1 \times (\bar{x}_1 - \bar{\bar{x}})^2 + n_2 \times (\bar{x}_2 - \bar{\bar{x}})^2 + n_3 \times (\bar{x}_3 - \bar{\bar{x}})^2$$
$$= 4 \times (6-6)^2 + 3 \times (9-6)^2 + 3 \times (3-6)^2 = 54$$

誤差変動
$$S_E = \sum_{j=1}^{a}\sum_{i=1}^{n_j}(x_{ij} - \bar{x}_j)^2$$
$$= \{(4-6)^2 + (5-6)^2 + (7-6)^2 + (8-6)^2\} +$$
$$\{(8-9)^2 + (9-9)^2 + (10-9)^2\} +$$
$$\{(1-3)^2 + (3-3)^2 + (5-3)^2\} = 20$$

$S_A + S_E = 54 + 20 = 74 = S_T$ となるので計算ミスがないことがわかります。

全体変動の自由度 $f_T = n - 1 = 10 - 1 = 9$

因子間変動の自由度 $f_A = a - 1 = 3 - 1 = 2$

誤差変動の自由度 $f_E = n - a = 10 - 3 = 7$

④ 分散分析表を作成します。

表 2.12　分散分析表

要因	偏差平方和	自由度	不偏分散	分散比	p 値	有意差判定
全体変動	$S_T = 74$	$f_T = 9$	$V = S_T/f_T = 8.22$			
因子間変動	$S_A = 54$	$f_A = 2$	$V_A = S_A/f_A = 27$	$F = V_A/V_E = 9.45$	0.0103	[*]
誤差変動	$S_E = 20$	$f_E = 7$	$V_E = S_E/f_E = 2.86$			

次ページで説明

⑤ 棄却限界値 $F_0(f_A、f_E、\alpha)$ を求めます。

有意水準 0.01 の棄却限界値 $F_0(f_A、f_E、0.01)$ を Excel の関数で求めます。

Excel のシート上の任意のセルに次式を入力し、Enter を押すと棄却限界値 F_0 が算出できます。有意水準 0.01 の棄却限界値 F_0 の値は、9.547 となります。

Excel 関数　= FINV(0.01, 2, 7)

（0.01：有意水準、2：f_A、7：f_E）

有意水準 0.05 の棄却限界値 F_0 $(f_A、f_E、0.05)$ を Excel の関数で求めます。

有意水準 0.05 の棄却限界値 F_0 の値は、4.737 となります。

Excel 関数　= FINV(0.05, 2, 7)

（0.05：有意水準、2：f_A、7：f_E）

⑥ 有意差判定を行います。

分散比が棄却限界値より大きい 分散比（F）> 棄却限界値（F_0）	→	有意である 差がある
分散比が棄却域より小さい 分散比（F）< 棄却限界値（F_0）	→	有意でない 差があるといえない

有意水準 0.01 では、$F(9.45) < F_0(9.547)$ なので、「有意である」といえない。

有意水準 0.05 では、$F(9.45) > F_0(4.737)$ なので、「有意である」といえる。

これより、有意水準 0.05 で、「3 メーカーの評価は等しい」といえない。

⑦ 有意確率を求めます。

p 値を用いて有意差判定も行えます。p 値を Excel の関数で求めます。

Excel のシート上の任意のセルに次式を入力し、Enter キーを押すと p 値が算出できます。p 値は、0.0103 となります。

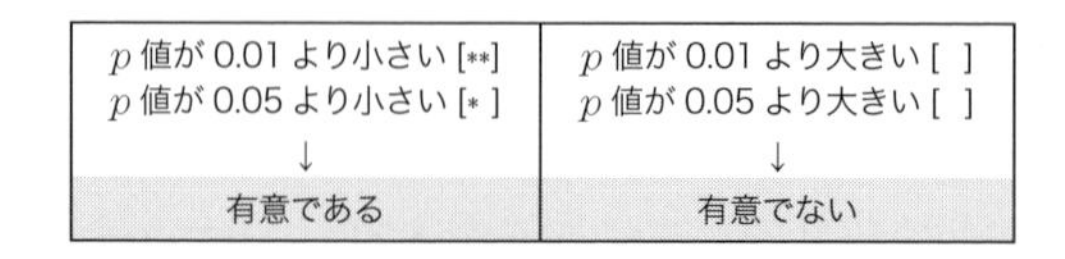

p 値 = 0.0103 < 0.05 より、「3 メーカーの評価は等しい」といえない。

⑧ 結論を導きます。

帰無仮説 ………………………… 3 メーカーの洗濯機の評価は等しい

対立仮説 ………………………… 3 メーカーの洗濯機の評価は異なる

有意差判定から、帰無仮説を棄却し、対立仮説を採択する。

⬇

適用した因子は有意水準 5%で有意といえます。

これより、3 メーカーの洗濯機の評価に差があるといえます。

この結論が正しいかと聞かれたら、「この結論が間違う確率は、わずか 5%である」と答えればよいのです。

2.12 Excel 分析ツールを適用しての演習 1

例題 2-2

3 つのメーカーの洗濯機 H、M、N に対する評価を 10 点満点で調査しました。3 メーカーの評価が等しいといえるかを調べなさい。

H メーカー	M メーカー	N メーカー
4	8	1
5	9	3
7	10	5
8		

① 例題 2-2 のデータは次に示すどちらかで作成してください。

1．Excel のシートに直接入力する

2．アイスタット社のホームページ（http://istat.co.jp/）より「実験計画法ソフト演習データ .xlsx」をダウンロードして開きます

② Excel メニューバー［データ］→［データ分析］→［分散分析：一元配置］を選択します。

参照［データ分析］コマンドが表示されない場合、269 ページ参照

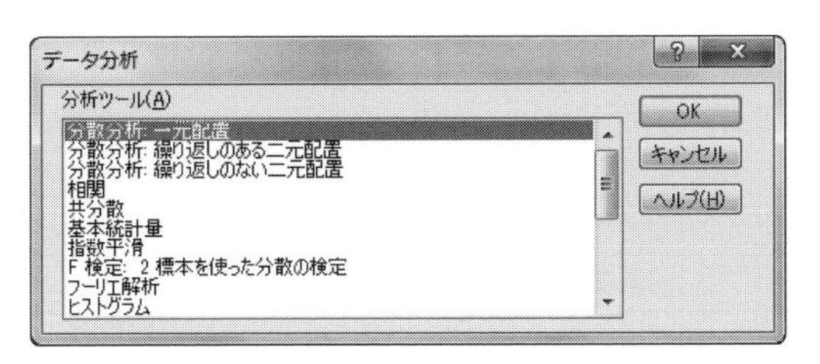

図 2.9 ［分散分析：一元配置］を選択する

③ 次に表示されたダイアログボックスで図 2.10 のように入力し、［OK］をクリックすると、表 2.13 のような分析結果が表示されます。

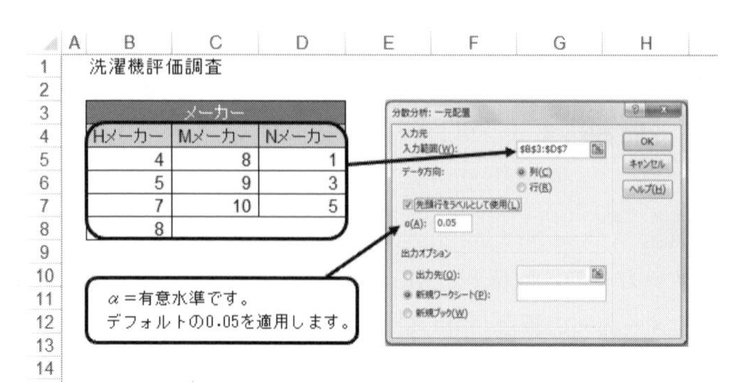

図 2.10　分散分析：一元配置

表 2.13　結果

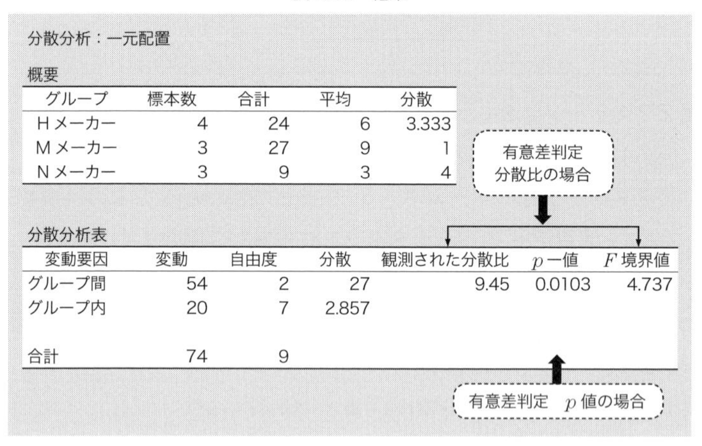

分散分析：一元配置

概要

グループ	標本数	合計	平均	分散
H メーカー	4	24	6	3.333
M メーカー	3	27	9	1
N メーカー	3	9	3	4

分散分析表

変動要因	変動	自由度	分散	観測された分散比	p 一値	F 境界値
グループ間	54	2	27	9.45	0.0103	4.737
グループ内	20	7	2.857			
合計	74	9				

④ 結論を導きます。

帰無仮説	「各洗濯機メーカーの評価は等しい」
対立仮説	「各洗濯機メーカーの評価は異なる」
有意水準	0.05
統計量 **棄却限界値** **有意差判定**	◆ 分散比（F）＝ 9.45　　棄却限界値（F_0）＝ 4.737 $F > F_0$ より帰無仮説を棄却 「各洗濯機メーカーの評価は等しい」といえない ◆ p 値＝ 0.0103 p 値＜ 0.05　有意差判定 [*] より帰無仮説を棄却 「各洗濯機メーカーの評価は等しい」といえない

結論	p 値＝0.0103 と 0.05 より小さいので、 「3 メーカーの評価は等しいといえない」、つまり 「3 メーカーの評価に差がある」と判断できる この結論が正しいかと聞かれたら、この結論が間違う確率は、わずか 5% であると答えます

2.13 Excel 分析ツールを適用しての演習 2

例題 2-3

制がん剤の濃度を変えたことにより、がん消失度に変化があったか、すなわち制がん剤の効果を調べなさい。

制がん剤濃度		
10ml	20ml	40ml
10	15	40
10	25	50
5	35	20
15	25	20

① 例題のデータは次に示すどちらかで作成してください。

1．Excel のシートに直接入力する

2．アイスタット社のホームページ（http://istat.co.jp/）よりダウンロード「実験計画法ソフト演習データ .xlsx」

② Excel メニューバー［データ］→［データ分析］→［分散分析：一元配置］を選択します。

参照 ［データ分析］コマンドが表示されない場合、269 ページ参照

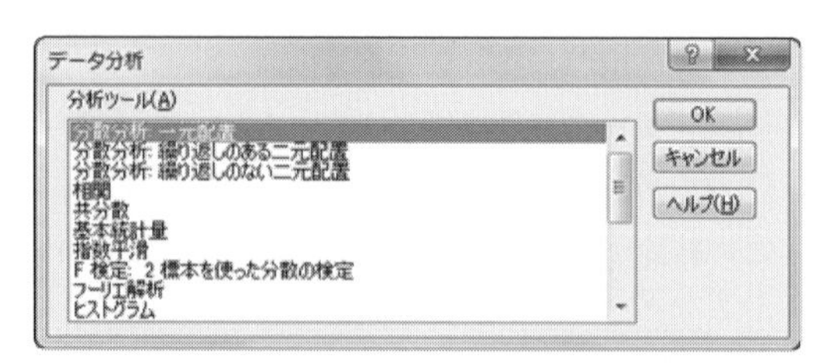

図 2.11 ［分散分析：一元配置］を選択する

③ 表示されたダイアログボックスで図 2.12 のように入力し、［OK］をクリックすると、表 2.14 のような分析結果が表示されます。

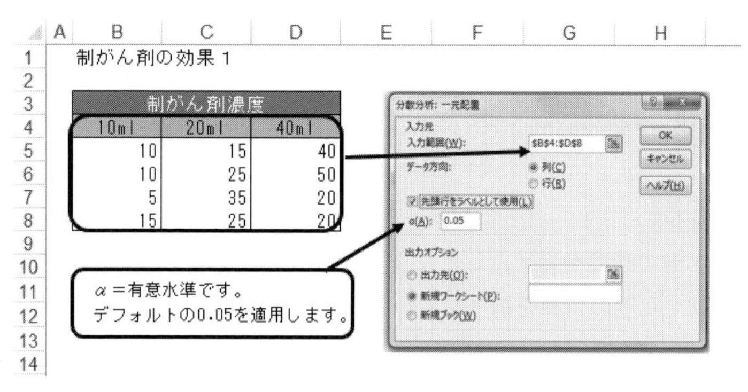

図 2.12 分散分析：一元配置

表 2.14 結果

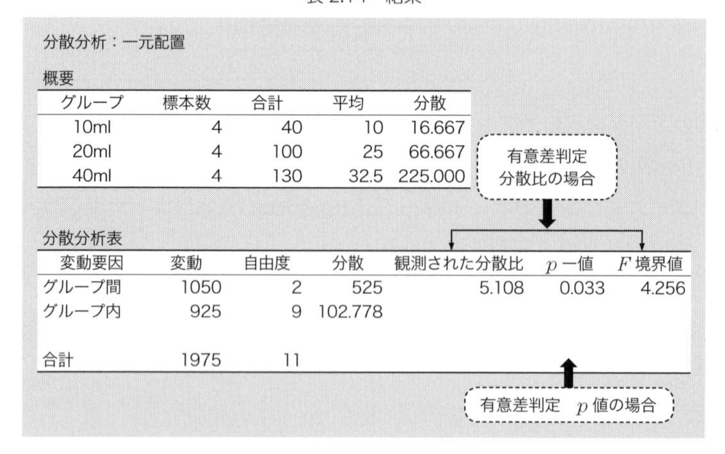

分散分析：一元配置

概要

グループ	標本数	合計	平均	分散
10ml	4	40	10	16.667
20ml	4	100	25	66.667
40ml	4	130	32.5	225.000

分散分析表

変動要因	変動	自由度	分散	観測された分散比	p 一値	F 境界値
グループ間	1050	2	525	5.108	0.033	4.256
グループ内	925	9	102.778			
合計	1975	11				

④ 結論を導きます。

帰無仮説	「濃度別の消失度は等しい」
対立仮説	「濃度別の消失度は異なる」
有意水準	0.05
統計量 **棄却限界値** **有意差判定**	◆ 分散比（F） = 5.108　　棄却限界値（F_0） = 4.256 $F > F_0$ より帰無仮説を棄却 「濃度別の消失度は等しい」といえない ◆ p 値 = 0.033 p 値 < 0.05　　有意差判定は [*] より帰無仮説を棄却 「濃度別の消失度は等しい」といえない
結論	p 値は 0.033 と 0.05 より小さいので、制がん剤の濃度は有意水準 5%で有意といえる。これより制がん剤の濃度を変えたことにより、がんの消失度に変化が見られた すなわち、制がん剤の濃度は効果があったといえます

第3章

二元配置法（繰り返しがある場合）

3.1 二元配置法の概要

二元配置法は、2つの因子（要因）を分析する手法です。

◆ 二元配置法によって明らかにできること

1. 2つの因子AとBが目的となる事柄（特性値）に影響を及ぼしているか否か（因子の効果）
2. 因子AとBの交互作用を明らかにする
3. 因子Aの母平均がすべて等しいか否か（均等性）
4. 因子Bの母平均がすべて等しいか否か（均等性）

◆ 解析方法

一元配置法と同様に、**分散分析法**によって把握し、分散比による$\boldsymbol{F}$**検定**によって結論を導きます。

◆ 適用するデータ

特性値（目的となる項目）が数量で、実験で取り上げた2つの因子（要因）のうち、どちらの因子も水準が2つ以上であることが前提です。

◆ データの収集方法

2因子の水準を組み合わせた「ますめ（条件）」ごとに実験を行い、測定します。

◆ 2因子の水準を組み合わせた測定データの形式

「繰り返しの数」によって、次の「ア」～「エ」のように分類されます。

この「ア」～「エ」の解析の計算方法は、それぞれ異なります。

このことから、二元配置法の手法はデータの繰り返し数によって「繰り返しがある場合」「繰り返しが一定でない場合」「繰り返しがない場合」を選定します。

表 3.1　二元配置法の手法

「ア」「繰り返しがある場合」

		因子 B		
		b_1	b_2	b_3
因子 A	a_1	5	4	3
		6	8	10
		1	3	7
	a_2	3	2	4
		7	5	3
		2	5	9

1つの「ますめ」に複数個のデータを測定
すべての「ますめ」の繰り返し数が等しい

「イ」「繰り返しがある場合」

		因子 B		
		b_1	b_2	b_3
因子 A	a_1	5	4	3
		6	8	10
	a_2	3	2	4
		7	5	3
		2	5	9

1つの「ますめ」に複数個のデータを測定
「ますめ」の繰り返し数は等しくないが、
縦計、横計の繰り返し数に比例

「ウ」「繰り返しが一定でない場合」

		因子 B		
		b_1	b_2	b_3
因子 A	a_1	5	4	3
		6	8	10
			3	
	a_2	3	2	4
		7	5	3
				9

1つの「ますめ」に複数個のデータを測定
「ますめ」の繰り返し数が等しくなく、縦計、
横計の繰り返し数にも比例していない

「エ」「繰り返しがない場合」

		因子 B		
		b_1	b_2	b_3
因子 A	a_1	5	4	3
	a_2	3	2	4

1つの「ますめ」に1つのデータしか
存在しない

※1つの「ますめ」に1つもデータがないと解析できません

3.2 二元配置法（繰り返しがある場合）によって明らかにできること

一元配置法で適用した具体例（表2.3）は、制がん剤の濃度とがんの消失度との関係を調べたものです。がんの消失度は濃度の変化だけでなく他の因子、例えば、既存品から新製品に変えたことにより、変化があるかもしれません。このような場合、がんの濃度と制がん剤の種類の2つの因子を用いて分析することになり、二元配置法を適用します。

次に具体的な例を2つ紹介します。

1. 2つの因子 A と B の効果及び A と B の交互作用を明らかにする

<u>1の具体例</u>

制がん剤の効果を調べるために、ねずみを使用して実験を行った。

制がん剤は既存品と新製品の2種類、各々に3種類の濃度を設定し、2×3 = 6種類の組み合わせに対し、それぞれ2匹のねずみを無作為に割り付けた。

6種類×2匹= 12匹のねずみについて、発がん物質によって一定以上のがん細胞を発生させた後に制がん剤を投与し、1カ月経過後にがん細胞の消失度（%）を測定した。

12匹のねずみの消失度の変化を分析し、制がん剤を既存品から新製品に変えたことによる効果、濃度を変えたことによる効果を明らかにする。

2. 因子 A、因子 B の母平均がすべて等しいか否か（均等性）、ならびに A と B の交互作用を明らかにする

<u>2の具体例</u>

ある解熱剤 A の効果を明らかにするために、5人の対象者に対し、薬剤投与前、薬剤投与後30分、薬剤投与後60分の体温を測定した。

体温の変化は時間帯による変化だけでなく、対象者の属性である男女の違いによる変化があるかもしれない。そこで各々の性別を調べ、時間帯と性別の2つの因子について分析することにした。分析結果から、時間の変化による解熱剤の効果、男性と女性の体温の差を明らかにする。

3.3 二元配置法（繰り返しがある場合）におけるデータ形式

◆ すべての「ますめ」の繰り返し数が等しい場合

具体例 1 は 51 ページ「ア」の方法でデータ（消失度）を測定しました。

表 3.2 「消失度」を測定

		制がん剤濃度 (ml)		
		10ml	20ml	40ml
制がん剤種類	新製品	10%	15%	40%
		10%	25%	50%
	既存品	5%	35%	20%
		15%	25%	20%

「ますめ」の繰り返し数は、すべて 2

◆ 「ますめ」の繰り返し数は等しくないが、縦計、横計の繰り返し数に比例

具体例 2 は 51 ページ「イ」の方法でデータ（体温）を測定しました。

表 3.3 「体温」を測定

		因子 1　時間帯		
		投与前	投与後 30 分	投与後 60 分
因子 2 性別	男性	37.8	37.4	36.6
		37.5	36.8	36.4
	女性	38.1	37.7	36.8
		36.9	36.2	36.2
		37.2	36.9	36.5

繰り返し数を数えると表 3.4 になります。

表 3.4 繰り返しを数える

	投与前	投与後 30 分	投与後 60 分	横計
男性	2	2	2	6
女性	3	3	3	9
縦計	5	5	5	15

男性　2:2:2 = 1:1:1
女性　3:3:3 = 1:1:1
縦計　5:5:5 = 1:1:1
※男性、女性は縦計に比例

投与前　2:3
投与後 30 分　2:3
投与後 60 分　2:3
横計　6:9 = 2:3
※各投与時間帯は横計に比例

3.4 二元配置法（繰り返しがある場合）における変動の分解と交互作用

◆ 変動の分解

二元配置法（繰り返しがある場合）は、全体変動を下記のように4つの変動に分解し、因子Aと因子Bの効果、及び因子Aと因子Bとの交互作用を把握します。変動の分解は、分散分析法を適用します。

全体変動（S）
- 因子Aによる変動（S_A）
- 因子Bによる変動（S_B）
- 因子Aと因子Bとの交互作用による変動（$S_{A\times B}$）
- 誤差変動（S_E）

$$S = S_A + S_B + S_{A\times B} + S_E$$

図 3.1　4つの変動

◆ 交互作用とは

具体例1のデータから、6つの条件における消失度（%）の平均値を計算すると次のようになります。

表 3.5　具体例1のデータ（消失度）

		制がん剤濃度 (ml)		
		10ml	20ml	40ml
制がん剤種類	新製品	10	15	40
		10	25	50
	既存品	5	35	20
		15	25	20

表 3.6　具体例1のデータ（消失度）の平均

	制がん剤濃度 (ml)			
	10ml	20ml	40ml	平均
新製品	10	20	45	25
既存品	10	30	20	20
平均	10	25	32.5	22.5

水準間の消失度の平均を比べると、制がん剤の種類では、新製品が25で既存品の20より高くなっています。

また、制がん剤の濃度では、10mlが10、20mlが25、40mlが32.5と濃度が高くなるほど平均が大きくなる傾向が見られます。

ところが、既存品に限って見ると、濃度が高くなるほど平均が高くなるという傾向は見られず、特に既存品の 40ml において平均が低まるという結果が出ています。

つまり、既存品で 40ml という組み合わせに限って、何か平均を低下させる事柄があったものと予想されます。このように、ある因子の優劣が他の因子の水準によって変わる現象を「**交互作用がある**」といいます。

下表の折れ線グラフは 6 つの条件における平均をグラフにしたものです。新製品が実線、既存品が点線で引かれていますが、これら 2 本の折れ線は交差するという結果を示しました。

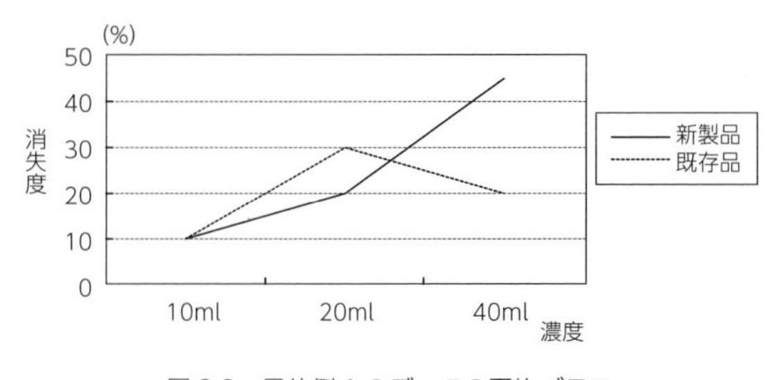

図 3.2 具体例 1 のデータの平均グラフ

一般的に、2 つの因子 A と B に交互作用があれば折れ線は交差し、交互作用がなければ、それらは平行の形態になります。

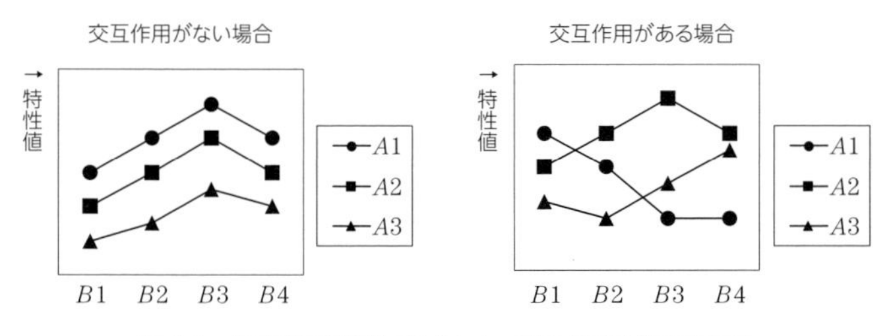

図 3.3 「交互作用がない場合」と「交互作用がある場合」

◆ 交互作用の解釈の仕方

二元配置法における交互作用は、「あったから効果がある」「なかったから効果はない」といった解釈をすべきものではありません。純粋に、交互作用があるかないかの有無だけを確認すべきものです。

二元配置法の結果で、「因子 A と因子 B に交互作用がない」と判断された場合は、個々の因子だけを着目し、結論を導きます。

因子 A について → 検定結果から「有意であるか否か」

因子 B について → 検定結果から「有意であるか否か」

交互作用について → 検定結果から「交互作用はなし」

「因子 A と因子 B に交互作用がある」と判断された場合は、組み合わされる要因によって効果の現れ方が違いますので、個々の因子だけを着目するのではなく、両方の因子を見て、結論を導きます。

因子 A について → 検定結果から「有意であるか否か」

因子 B について → 検定結果から「有意であるか否か」

交互作用について → 検定結果から「交互作用はあり」
折れ線グラフを描いて、因子 A と因子 B の交差した部分の意味を吟味する

3.5 ◆ 因果効果の検定方法

一元配置法と同様に、分散分析法により求められた誤差変動（S_E）に対して因子間変動（S_A）、（S_B）、（$S_{A \times B}$）の変動が大きいか否かを比較します。

4つの変動を比較するには、それぞれの自由度、不偏分散を求めて、分散比による F 検定を行います。参照 検定の詳細は、28ページ参照

◆ 自由度

全体	$f = n - 1$　（n は全体個数）
因子 *A*	$f_A = a - 1$　（a は因子 A の水準数）
因子 *B*	$f_B = b - 1$　（b は因子 B の水準数）
交互作用	$f_{A\times B} = (a-1)(b-1)$
誤差	$f_E = n - ab$

注：$f = f_A + f_B + f_{A\times B} + f_E$ が成立する

◆ 不偏分散

全体	$V = S/f$
因子 *A*	$V_A = S_A/f_A$
因子 *B*	$V_B = S_B/f_B$
交互作用	$V_{A\times B} = S_{A\times B}/f_{A\times B}$
誤差	$V_E = S_E/f_E$

◆ 分散比

因子 *A*	$F_A = V_A/V_E$
因子 *B*	$F_B = V_B/V_E$
交互作用	$F_{A\times B} = V_{A\times B}/V_E$

◆ 有意水準 α

外れる確率、0.01（1%）、0.05（5%）のどちらかを適用。

◆ 棄却限界値 F_0

求め方は、Excelの関数を使って算出します。

Excel関数 = FINV（有意水準α, 自由度, 自由度）

↑因子 ↑誤差

因子 A $= F_A(\alpha, f_A, f_E)$

因子 B $= F_B(\alpha, f_B, f_E)$

交互作用 $= F_{A\times B}(\alpha, f_{A\times B}, f_E)$

◆ 有意差判定

分散比F_A、F_B、$F_{A\times B}$と棄却限界値F_0（f_A、f_E、α）、F_0（f_B、f_E、α）、F_0（$f_{A\times B}$、f_E、α）の値を比較し、有意差判定を行います。

$F_A \geqq F_0(f_A, f_E, \alpha)$であれば、因子$A$は有意である

$F_B \geqq F_0(f_B, f_E, \alpha)$であれば、因子$B$は有意である

$F_{A\times B} \geqq F_0(f_{A\times B}, f_E, \alpha)$であれば、交互作用$_{A\times B}$は有意である

上記式を満たさない場合は有意でないと判断する。

※交互作用$_{A\times B}$で「有意である」と判断された場合は、交互作用があります
55ページの折れ線グラフを描いて、交互作用の意味を吟味します

◆ 有意確率

p値から有意差判定を行うこともできます。
p値は、Excelの関数を使って算出します。

Excel関数 = FDIST（分散比, 自由度, 自由度）

↑因子 ↑誤差

因子A、因子B、交互作用$_{A\times B}$のp値をそれぞれ求めます。
求められたp値を有意水準0.01、0.05と比較します。

$0 \leq p \leq 0.01$ であれば、　[**] → 有意水準 0.01 で有意である
$0.01 < p \leq 0.05$ であれば、[*] → 有意水準 0.05 で有意である
$0.05 < p$ であれば、　[ ] → 有意水準 0.05 で有意でない

※交互作用 $_{A \times B}$ で「有意である」と判断された場合は、交互作用があります
　55 ページの折れ線グラフを書いて、交互作用の意味を吟味します

◆　結論

帰無仮説が正しかったどうか、因子 A、因子 B、交互作用 $_{A \times B}$ をそれぞれ導き出します。

3.6 二元配置法（繰り返しがある場合）の公式

公式

表 3.7 データと水準別の平均

		因子 B						個体数	合計	平均
		B_1	B_2	$\cdots$	B_j	$\cdots$	B_b			
因子 A	A_1	χ_{111} χ_{112} $\vdots$	χ_{121} χ_{122} $\vdots$	$\cdots$ $\cdots$	χ_{1j1} χ_{1j2} $\vdots$	$\cdots$ $\cdots$	χ_{1b1} χ_{1b2} $\vdots$	$n_{1\bullet}$	$T_{1\bullet}$	$\bar{x}_{1\bullet}$
	A_2	χ_{211} χ_{212} $\vdots$	χ_{221} χ_{222} $\vdots$	$\cdots$ $\cdots$	χ_{2j1} χ_{2j2} $\vdots$	$\cdots$ $\cdots$	χ_{2b1} χ_{2b2} $\vdots$	$n_{2\bullet}$	$T_{2\bullet}$	$\bar{x}_{2\bullet}$
	$\vdots$							$\vdots$	$\vdots$	$\vdots$
	A_i	χ_{i11} χ_{i12} $\vdots$	χ_{i21} χ_{i22} $\vdots$	$\cdots$ $\cdots$	χ_{ij1} χ_{ij2} $\vdots$	$\cdots$ $\cdots$	χ_{ib1} χ_{ib2} $\vdots$	$n_{i\bullet}$	$T_{i\bullet}$	$\bar{x}_{i\bullet}$
	$\vdots$		$\vdots$		$\vdots$		$\vdots$			
	A_a	χ_{a11} χ_{a12} $\vdots$	χ_{a21} χ_{a22} $\vdots$	$\cdots$ $\cdots$	χ_{aj1} χ_{aj2} $\vdots$	$\cdots$ $\cdots$	χ_{ab1} χ_{ab2} $\vdots$	$n_{a\bullet}$	$T_{a\bullet}$	$\bar{x}_{a\bullet}$
個体数		$n_{\bullet 1}$	$n_{\bullet 2}$	$\cdots$	$n_{\bullet j}$	$\cdots$	$n_{\bullet b}$	n		
合計		$T_{\bullet 1}$	$T_{\bullet 2}$	$\cdots$	$T_{\bullet j}$	$\cdots$	$T_{\bullet b}$		T	
平均		$\bar{x}_{\bullet 1}$	$\bar{x}_{\bullet 2}$	$\cdots$	$\bar{x}_{\bullet j}$	$\cdots$	$\bar{x}_{\bullet b}$			$\bar{\bar{x}}$

※ a は因子 A
b は因子 B
の水準数

表 3.8 各条件の平均

	B_1				B_j				B_b		
	個体数	合計	平均		個体数	合計	平均		個体数	合計	平均
A_1	n_{11}	T_{11}	$\bar{x}_{11}$	$\cdots$	n_{1j}	T_{1j}	$\bar{x}_{1j}$	$\cdots$	n_{1b}	T_{1b}	$\bar{x}_{1b}$
$\vdots$	$\vdots$	$\vdots$	$\vdots$		$\vdots$	$\vdots$	$\vdots$		$\vdots$	$\vdots$	$\vdots$
A_i	n_{i1}	T_{i1}	$\bar{x}_{i1}$	$\cdots$	n_{ij}	T_{ij}	$\bar{x}_{ij}$	$\cdots$	n_{ib}	T_{ib}	$\bar{x}_{1b}$
$\vdots$	$\vdots$	$\vdots$	$\vdots$		$\vdots$	$\vdots$	$\vdots$		$\vdots$	$\vdots$	$\vdots$
A_a	n_{a1}	T_{a1}	$\bar{x}_{a1}$	$\cdots$	n_{aj}	T_{aj}	$\bar{x}_{aj}$	$\cdots$	n_{ab}	T_{ab}	$\bar{x}_{ab}$

$$S = \sum_{i=1}^{a}\sum_{j=1}^{b}\sum_{k=1}^{n_{ij}} (x_{ijk} - \bar{\bar{x}})^2$$

$$S_A = \sum_{i=1}^{a}\sum_{j=1}^{b}\sum_{k=1}^{n_{ij}} (\bar{x}_{i\bullet} - \bar{\bar{x}})^2 = \sum_{i=1}^{a} n_{i\bullet}\,(\bar{x}_{i\bullet} - \bar{\bar{x}})^2$$

$$S_B = \sum_{i=1}^{a}\sum_{j=1}^{b}\sum_{k=1}^{n_{ij}} \left(\bar{x}_{\bullet_j} - \bar{\bar{x}}\right)^2 = \sum_{j=1}^{b} n_{\bullet_j}\left(\bar{x}_{\bullet_j} - \bar{\bar{x}}\right)^2$$

$$S_{A\times B} = \sum_{i=1}^{a}\sum_{j=1}^{b} n_{i_j}\left(\bar{x}_{i_j} - \bar{\bar{x}}\right)^2 - S_A - S_B$$

$$S_E = S - S_A - S_B - S_{A\times B}$$

$$f = n-1, \quad f_A = a-1, \quad f_B = b-1,$$

$$f_{A\times B} = (a-1)(b-1), \quad f_E = n - ab$$

表 3.9　分散分析表

要因	偏差平方和	自由度	不偏分散	分散比	p 値	判定
全体変動	S	f	$V = S/f$			
因子間変動 A	S_A	f_A	$V_A = S_A/f_A$	$F_A = V_A/V_E$		[**]
因子間変動 B	S_B	f_B	$V_B = S_B/f_B$	$F_B = V_B/V_E$		[*]
交互作用	$S_{A\times B}$	$f_{A\times B}$	$V_{A\times B} = S_{A\times B}/f_{A\times B}$	$F_{A\times B} = V_{A\times B}/V_E$		[ ]
誤差変動	S_E	f_E	$V_E = S_E/f_E$			

◆ プーリング

分散分析の結果、交互作用 $A\times B$ が有意でない場合、これを誤差項にプールして再度検定を行うことをプーリングといいます。

つまり、交互作用 $A\times B$ は絶対に存在しないと解釈して、交互作用 $A\times B$ の偏差平方和 $S_{A\times B}$ と自由度 $f_{A\times B}$ を不偏分散の誤差 V_E に含めてしまう処置のことです。

$$V_{E'} = \frac{S_E + S_{A\times B}}{f_E + f_{A\times B}}$$

$$f_{E'} = f_E + f_{A\times B}$$

誤差の不偏分散（V_E）が 0（もしくは 0 に近い値）で、分散比が計算できないとき、または、交互作用 $A\times B$ の不偏分散が 0（もしくは 0 に近い値）のときに活用します。

プーリングは、繰り返しのある場合の二元配置法のみならず、直交表実験計画法にも適用されます。

具体例は、第 7 章で、解説します。

3.7 二元配置法（繰り返しがある場合）を公式に基づいて計算する

例題 3-1

12 匹のねずみについて、制がん剤を投与してから 1 カ月経過後のがんの消失度を調べました。制がん剤を既存品から新製品に変えたことによる効果、濃度を変えたことによる効果を調べなさい。

		制がん剤濃度 (ml)		
		10ml	20ml	40ml
制がん剤種類	新製品	10 10	15 25	40 50
	既存品	5 15	35 25	20 20

解答

適用した 2 つの因子についての効果を明らかにしたい場合、50 ページの 1 で示したように二元配置法を適用することにより解くことができます。

※本書の解析結果の数値は、Excel で計算した表示です
見た目の表示は、四捨五入された値ですが、計算過程では四捨五入されないまま算出しています。よって、本書の数値表示をもとに手計算で四則演算した場合、若干、小数点や下桁の値に誤差が生じる場合があります

① 制がん剤種類を因子 A、制がん剤濃度を因子 B として、各水準の個体数、合計と平均値を算出します。

表 3.10　各水準の個体数と合計と平均値

	B_1	B_2	B_3	個体数	合計	A の平均
A_1	10　10	15　25	40　50	$n_{1.} = 6$	$T_{1.} = 150$	$\bar{x}_{1.} = 25$
A_2	5　15	35　25	20　20	$n_{2.} = 6$	$T_{2.} = 120$	$\bar{x}_{2.} = 20$
個体数	$n_{.1} = 4$	$n_{.2} = 4$	$n_{.3} = 4$	$n = 12$		
合計	$T_{.1} = 40$	$T_{.2} = 100$	$T_{.3} = 130$		$T = 270$	
B の平均	$\bar{x}_{.1} = 10$	$\bar{x}_{.2} = 25$	$\bar{x}_{.3} = 32.5$			$\bar{\bar{x}} = 22.5$

② 各条件の個体数と平均値を求めます。

表 3.11　個体数

	B_1	B_2	B_3	計
A_1	$n_{11}=2$	$n_{12}=2$	$n_{13}=2$	$n=6$
A_2	$n_{21}=2$	$n_{22}=2$	$n_{23}=2$	$n=6$
計	$n=4$	$n=4$	$n=4$	$n=12$

表 3.12　平均値

	B_1	B_2	B_3	計
A_1	$\bar{x}_{11}=10$	$\bar{x}_{21}=20$	$\bar{x}_{31}=45$	$\bar{x}=25$
A_2	$\bar{x}_{12}=10$	$\bar{x}_{22}=30$	$\bar{x}_{32}=20$	$\bar{x}=20$
計	$\bar{x}=10$	$\bar{x}=25$	$\bar{x}=32.5$	$\bar{x}=22.5$

③ S、S_A、S_B、$S_{A\times B}$、S_Eを二元配置法の公式を用いて計算します。

全体

$$\boldsymbol{S} = (10-22.5)^2+(10-22.5)^2+(15-22.5)^2+(25-22.5)^2+(40-22.5)^2+(50-22.5)^2+(5-22.5)^2+(15-22.5)^2+(35-22.5)^2+(25-22.5)^2+(20-22.5)^2+(20-22.5)^2 = \mathbf{1975}$$

※（）内の左側数値は測定値、右側数値は全体平均

因子A

$$\boldsymbol{S_A} = 6\times(25-22.5)^2+6\times(20-22.5)^2 = \mathbf{75}$$

※ ( ) 内の左側数値は表 3.12 の「A の平均」、右側数値は全体平均

因子B

$$\boldsymbol{S_B} = 4\times(10-22.5)^2+4\times(25-22.5)^2+4\times(32.5-22.5)^2 = \mathbf{1050}$$

※ ( ) 内の左側数値は表 3.12 の「B の平均」、右側数値は全体平均

交互作用

$$\boldsymbol{S_{A\times B}} = 2\times(10-22.5)^2+2\times(10-22.5)^2+2\times(20-22.5)^2+2\times(30-22.5)^2+2\times(45-22.5)^2+2\times(20-22.5)^2-S_A-S_B = 1775-75-1050 = \mathbf{650}$$

※（）内の左側数値は表 3.12 の平均値、右側数値は全体平均

誤差

$$\boldsymbol{S_E} = S-S_A-S_B-S_{A\times B} = 1975-75-1050-650 = \mathbf{200}$$

④ 自由度を計算します。

全体 $f = n - 1 = 12 - 1 = 11$

因子*A* $f_A = a - 1 = 2 - 1 = 1$ （aは因子Aの水準数）

因子*B* $f_B = b - 1 = 3 - 1 = 2$ （bは因子Bの水準数）

交互作用 $f_{A \times B} = (a-1)(b-1) = (2-1) \times (3-1) = 2$

誤差 $f_E = n - ab = 12 - 2 \times 3 = 6$

⑤ 分散分析表を作成します。

表 3.13 分散分析表

要因	偏差平方和	自由度	不偏分散	分散比
全体変動	$S = 1975$	$f = 11$		
因子A	$S_A = 75$	$f_A = 1$	$V_A = \dfrac{S_A}{f_A} = 75$	$F_A = \dfrac{V_A}{V_E} = 2.25$
因子B	$S_B = 1050$	$f_B = 2$	$V_B = \dfrac{S_B}{f_B} = 525$	$F_B = \dfrac{V_B}{V_E} = 15.75$
交互作用	$S_{A \times B} = 650$	$f_{A \times B} = 2$	$V_{A \times B} = \dfrac{S_{A \times B}}{f_{A \times B}} = 325$	$F_{A \times B} = \dfrac{V_{A \times B}}{V_E} = 9.75$
誤差変動	$S_E = 200$	$f_E = 6$	$V_E = \dfrac{S_E}{f_E} = 33.33$	

⑥ 棄却限界値F_0を求めます。

求め方は、Excelの関数を使って算出します。

Excel関数 ＝FINV（有意水準α, 自由度, 自由度）

（1つ目の自由度：因子、2つ目の自由度：誤差）

	有意水準 0.01（1%）	有意水準 0.05（5%）
因子A	= FINV(0.01, 1, 6)=13.745	= FINV(0.05, 1, 6)=5.987
因子B	= FINV(0.01, 2, 6)=10.925	= FINV(0.05, 2, 6)=5.143
交互作用	= FINV(0.01, 2, 6)=10.925	= FINV(0.05, 2, 6)=5.143

⑦ 有意差判定を行います。

分散比F_A、F_B、$F_{A \times B}$と棄却限界値F_0(f_A、f_E、α)、F_0(f_B、f_E、α)、

F_0 ($f_{A\times B}$ 、f_E 、α) の値を比較し、有意差判定を行います。

分散比が棄却限界値より大きい	→	有意である、差がある
分散比が棄却限界値より小さい	→	有意でない、差があるといえない

因子 A は、　$F_A = 2.25 < F_0(1, 6, 0.05)$

$F_A = 2.25 < F_0 = 5.987$　　より、

有意でない

因子 B は、　$F_B = 15.75 > F_0(2, 6, 0.01)$

$F_B = 15.75 > F_0 = 10.925$　　より、

有意水準 1% で有意である

交互作用 $A \times B$ は、　$F_{A\times B} = 9.75 > F_0(2, 6, 0.05)$

$F_{A\times B} = 9.75 > F_0 = 5.143$　　より、

有意水準 5% で有意である

⑧ 有意確率を求めます。

p 値から有意差判定を行うこともできます。
求められた p 値を有意水準 0.01、0.05 と比較します。

p 値が 0.01 より小さい [**] p 値が 0.05 より小さい [*] ↓	p 値が 0.01 より大きい [ ] p 値が 0.05 より大きい [ ] ↓
有意である	有意でない

p 値は、Excel の関数を使って算出します。

Excel 関数　= FDIST(分散比, 自由度, 自由度)
（自由度：因子、自由度：誤差）

要因	Excel の関数	p 値	判定
因子（A）	= FDIST(2.25, 1, 6)	0.184	[ ]
因子（B）	= FDIST(15.75, 2, 6)	0.004	[**]
交互作用	= FDIST(9.75, 2, 6)	0.013	[*]

因子 A は、　$p = 0.184 > 0.05$ [ ] より有意でない

因子 B は、　$p = 0.004 < 0.01$ [**] より有意である

交互作用は、　$p = 0.013 < 0.05$ [*] より有意である

⑨ 結論を導きます。

制がん剤の種類（因子 A）を既存品から新製品に変えたことにより効果はなかったといえます。

制がん剤の濃度（因子 B）を変えたことにより効果はあったといえます。

交互作用はあったので、55 ページの折れ線グラフから吟味すると濃度の効果は既存品には見られませんが、新製品にあることがわかりました。

例題 3-2

ある解熱剤の効果を調べるために、男性 2 人、女性 3 人の対象者に対し、薬剤投与前、薬剤投与後 30 分、薬剤投与後 60 分の体温を測定した。時間帯の変化による解熱剤の効果、男性と女性の体温の差を明らかにしなさい。

		因子 B　時間帯		
		投与前	投与後 30 分	投与後 60 分
因子 A 性別	男性	37.8	37.4	36.6
		37.5	36.8	36.4
	女性	38.1	37.7	36.8
		36.9	36.2	36.2
		37.2	36.9	36.5

解答

適用した 2 つの因子について 1 つは効果を、他は母平均がすべて等しいことを明らかにしたい場合、50 ページの 2 で示したように二元配置法を適用することにより解くことができます。

① 性別を因子 A、時間帯を因子 B として、各条件の個体数、合計と平均値を求めます。

表 3.14 個体数

A＼B	投与前	投与後30分	投与後60分	横計
男性	2	2	2	6
女性	3	3	3	9
縦計	5	5	5	15

表 3.15 合計

A＼B	投与前	投与後30分	投与後60分	横計
男性	75.3	74.2	73.0	222.5
女性	112.2	110.8	109.5	332.5
縦計	187.5	185.0	182.5	555.0

表 3.16 平均値

A＼B	投与前	投与後30分	投与後60分	横計
男性	37.650	37.100	36.500	37.083 ← 222.5÷6
女性	37.400	36.933	36.500	36.944
縦計	37.500	37.000	36.500	37.000

※本書の解析結果の数値は、Excel で計算した表示です
見た目の表示は、四捨五入された値ですが、計算過程では四捨五入されないまま算出しています。よって、本書の数値表示をもとに手計算で四則演算した場合、若干、小数点や下桁の値に誤差が生じる場合があります

② S、S_A、S_B、$S_{A\times B}$、S_Eを二元配置法の公式を用いて計算します。

全体

$$\begin{aligned}\boldsymbol{S} &= (37.8-37.0)^2+(37.5-37.0)^2+(38.1-37.0)^2\\&+(36.9-37.0)^2+(37.2-37.0)^2+(37.4-37.0)^2\\&+(36.8-37.0)^2+(37.7-37.0)^2+(36.2-37.0)^2\\&+(36.9-37.0)^2+(36.6-37.0)^2+(36.4-37.0)^2\\&+(36.8-37.0)^2+(36.2-37.0)^2+(36.5-37.0)^2\\&= \mathbf{4.940}\end{aligned}$$

因子 A

$$\boldsymbol{S_A} = 6\times(37.083-37.0)^2+9\times(36.944-37.0)^2 = \mathbf{0.069}$$

因子 B

$$\begin{aligned}\boldsymbol{S_B} &= 5\times(37.5-37.0)^2+5\times(37.0-37.0)^2\\&+5\times(36.5-37.0)^2 = \mathbf{2.500}\end{aligned}$$

交互作用

$$\begin{aligned}\boldsymbol{S_{A\times B}} &= 2\times(37.65-37.0)^2+3\times(37.4-37.0)^2\\&+2\times(37.1-37.0)^2+3\times(36.933-37.0)^2\\&+2\times(36.5-37.0)^2+3\times(36.5-37.0)^2-S_A-S_B\\&= 2.608-0.069-2.5 = \mathbf{0.039}\end{aligned}$$

誤差

$$\boldsymbol{S_E} = S-S_A-S_B-S_{A\times B} = 4.940-0.069-2.500-0.039 = \mathbf{2.332}$$

③ 自由度を計算します。

$$f = n - 1 = 15 - 1 = 14$$

$$f_A = a - 1 = 2 - 1 = 1 \ (a \text{は因子} A \text{の水準数})$$

$$f_B = b - 1 = 3 - 1 = 2 \ (b \text{は因子} B \text{の水準数})$$

$$f_{A \times B} = (a-1)(b-1) = 2$$

$$f_E = n - ab = 15 - 6 = 9$$

④ 分散分析表を作成します。

表 3.17　分散分析表

要因	偏差平方和	自由度	不偏分散	分散比
全体変動	$S = 4.940$	$f = 14$		
因子 A	$S_A = 0.069$	$f_A = 1$	$V_A = \dfrac{S_A}{f_A} = 0.069$	$F_A = \dfrac{V_A}{V_E} = 0.268$
因子 B	$S_B = 2.500$	$f_B = 2$	$V_B = \dfrac{S_B}{f_B} = 1.250$	$F_B = \dfrac{V_B}{V_E} = 4.825$
交互作用	$S_{A \times B} = 0.039$	$f_{A \times B} = 2$	$V_{A \times B} = \dfrac{S_{A \times B}}{f_{A \times B}} = 0.019$	$F_{A \times B} = \dfrac{V_{A \times B}}{V_E} = 0.075$
誤差変動	$S_E = 2.332$	$f_E = 9$	$V_E = \dfrac{S_E}{f_E} = 0.259$	

⑤ 棄却限界値 F_0 を求めます。

求め方は、Excel の関数を使って算出します。

Excel 関数　= FINV（有意水準 α, 自由度 , 自由度）

（第1の自由度 ↑ 因子、第2の自由度 ↑ 誤差）

	有意水準 0.01（1%）	有意水準 0.05（5%）
因子 A	= FINV(0.01, 1, 9) = 10.561	= FINV(0.05, 1, 9) = 5.117
因子 B	= FINV(0.01, 2, 9) = 8.022	= FINV(0.05, 2, 9) = 4.256
交互作用	= FINV(0.01, 2, 9) = 8.022	= FINV(0.05, 2, 9) = 4.256

⑥ 有意差判定を行います。

分散比 F_A、F_B、$F_{A \times B}$ と棄却限界値 $F_0(f_A、f_E、\alpha)$、$F_0(f_B、f_E、\alpha)$、$F_0(f_{A \times B}、f_E、\alpha)$ の値を比較し、有意差判定を行います。

分散比が棄却限界値より大きい　→	有意である、差がある
分散比が棄却限界値より小さい　→	有意でない、差があるといえない

因子 A は、　$F_A = 0.268 < F_0(1, 9, 0.05)$

$F_A = 0.268 < F_0 = 5.117$　より、

有意でない

因子 B は、　$F_B = 4.825 > F_0(2, 9, 0.05)$

$F_B = 4.825 > F_0 = 4.256$　より、

有意水準 5%で有意である

交互作用 $_{A \times B}$ は、　$F_{A \times B} = 0.075 < F_0(2, 9, 0.05)$

$F_{A \times B} = 0.075 < F_0 = 4.256$　より、

有意でない

⑦ 有意確率を求めます。

p 値から有意差判定を行うこともできます。
求められた p 値を有意水準 0.01、0.05 と比較します。

p 値が 0.01 より小さい [**] p 値が 0.05 より小さい [*] ↓	p 値が 0.01 より大きい [ ] p 値が 0.05 より大きい [ ] ↓
有意である	有意でない

p 値は、Excel の関数を使って算出します。

Excel 関数　= FDIST（分散比 , 自由度 , 自由度）

↑因子　↑誤差

要因	Excel の関数	p 値	判定
因子 (A)	= FDIST（0.268, 1, 9）	0.617	[ ]
因子 (B)	= FDIST（4.825, 2, 9）	0.038	[*]
交互作用	= FDIST（0.075, 2, 9）	0.928	[ ]

因子 A は、　$p = 0.167 > 0.05$ [ ] より有意でない

因子 B は、　$p = 0.038 < 0.05$ [*] より有意である

交互作用は、　$p = 0.928 > 0.05$ [ ] より有意でない

⑧ 結論を導きます。

因子（B）の「時間帯」に [*] が付いたので、「時間帯」は体温の変化に影響を及ぼし、この解熱剤は効果があったと判断します。

因子（A）の「性別」に判定マークが付かないので、「性別」による体温の差はないと判断します。

また、交互作用にも判定マークが付かないので、交互作用がなかったと判断します。

表 3.18a を見ると男性、女性いずれも時間帯が経過するほど平均体温は減少しています。

次の表 3.18b のような平均体温が得られたとしてグラフを書き、表 3.18a のグラフと比較してみます。

表 3.18a 「表 3.16」の抜粋

	投与前	投与後 30分	投与後 60分
男性	37.7	37.1	36.5
女性	37.4	36.9	36.5

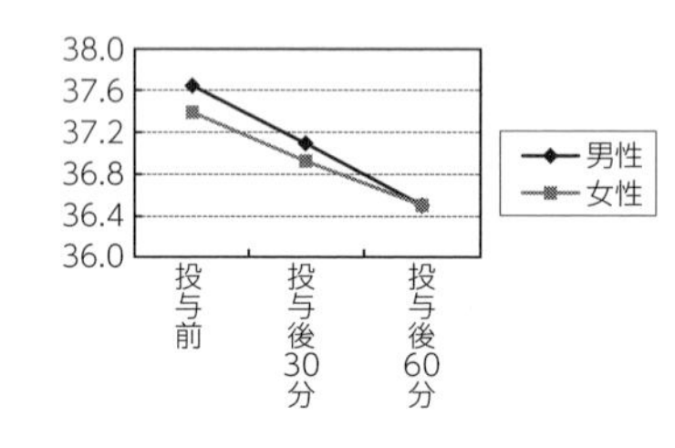

表 3.18b 仮の平均値

	投与前	投与後 30分	投与後 60分
男性	37.7	37.1	36.5
女性	36.5	36.9	37.4

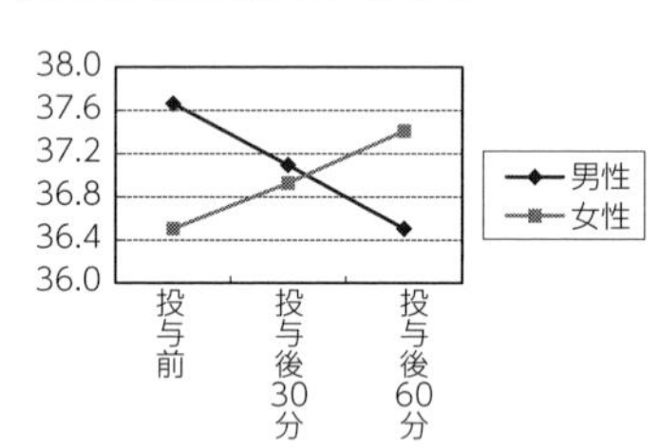

2本の線グラフは、表 3.18b において大きく交差しています。この場合、「交互作用がある」と判断しますが、例題は表 3.18a でかつ交互作用の有意差判定が [ ] なので交互作用がなかったということです。

3.8 Excel 分析ツールを適用しての演習 1

例題 3-3

12 匹のねずみについて、制がん剤を投与してから 1 カ月経過後のがんの消失度を調べました。制がん剤を既存品から新製品に変えたことによる効果、濃度を変えたことによる効果を調べなさい。

		制がん剤濃度 (ml)		
		10ml	20ml	40ml
制がん剤種類	新製品	10 10	15 25	40 50
	既存品	5 15	35 25	20 20

① 例題のデータは次に示すどちらかで作成してください。

1. Excel のシートに直接入力する
2. アイスタット社のホームページ（http://istat.co.jp/）よりダウンロード「実験計画法ソフト演習データ .xlsx」

② Excel メニューバー［データ］→［データ分析］→［分散分析：繰り返しのある二元配置］を選択します。

参照［データ分析］コマンドが表示されない場合、269 ページ参照

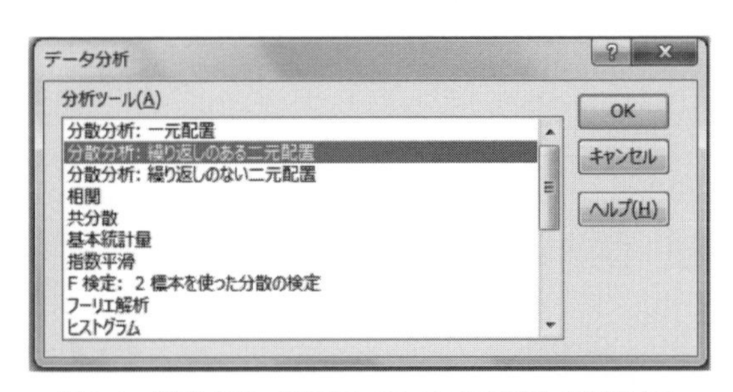

図 3.4　［分散分析：繰り返しのある二元配置］を選択する

③ 表示されたダイアログボックスで図 3.5 のように入力し、「OK」をクリックすると、表 3.19 のような分析結果が表示されます。

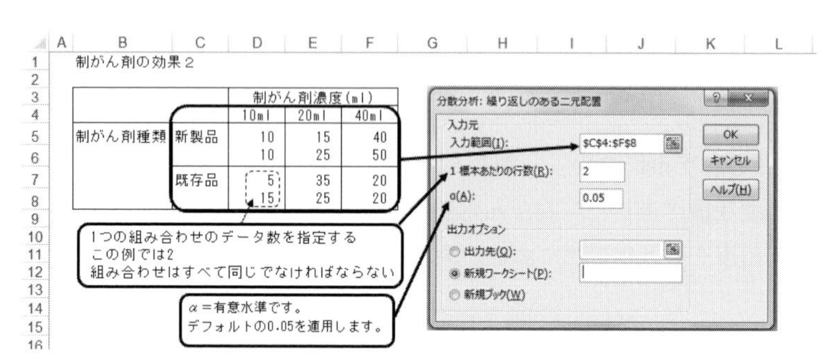

図 3.5　分散分析：繰り返しのある二元配置

表 3.19　結果

分散分析：繰り返しのある二元配置

概要	10ml	20ml	40ml	合計
新製品				
標本数	2	2	2	6
合計	20	40	90	150
平均	10	20	45	25
分散	0	50	50	280
既存品				
標本数	2	2	2	6
合計	20	60	40	120
平均	10	30	20	20
分散	50	50	0	100

合計			
標本数	4	4	4
合計	40	100	130
平均	10.00	25.00	32.50
分散	16.67	66.67	225.00

変動誤差

有意差判定 分散比の場合

分散分析表

変動要因	変動	自由度	分散	観測された分散比	p－値	F 境界値
標本	75	1	75.00	2.25	0.184	5.987
列	1050	2	525.00	15.75	0.004	5.143
交互作用	650	2	325.00	9.75	0.013	5.143
繰り返し誤差	200	6	33.33			
合計	1975	11				

因子 A → 制がん剤種類

因子 B → 制がん剤濃度

有意差判定　p 値の場合

分散分析表の「標本」は因子（A）の「制がん剤種類」、「列」は因子（B）の「制がん剤濃度」を表しています。そして、もう 1 つ「交互作用」という行が増えています。これが繰り返しのある二元配置法の分散分析の特徴です。

④ 結論を導きます。

因子（*A*） **制がん剤種類**	◆ 分散比（F_A）＝ 2.25 ＜棄却限界値（F_0）＝ 5.987 ◆ p 値＝ 0.184 ＞ 0.05　有意差判定 [ ] これより既存品から新製品に変えても、がんの消失度は変わらないということです。
因子（*B*） **制がん剤濃度**	◆ 分散比（F_A）＝ 15.75 ＞棄却限界値（F_0）＝ 5.143 ◆ p 値＝ 0.004 ＜ 0.05 有意差判定 [**] これより濃度は効果があると判断します。
交互作用	◆ 分散比（F_A）＝ 9.75 ＞棄却限界値（F_0）＝ 5.143 ◆ p 値＝ 0.013 ＜ 0.05 有意差判定 [*] これより交互作用はあると判断します。 交互作用があるので、55 ページの折れ線グラフを書いて、交互作用の意味を吟味します。 折れ線グラフから濃度の効果は既存品には見られませんが、新製品にあることがわかりました。
結論	「列」の制がん剤濃度の p 値 0.004 は条件の厳しい有意水準 α ＝ 0.01 よりも小さいので、自信を持って「効果がある」といえます。いいかえるならば「制がん剤濃度は効果がある」との結論が間違っている確率は、わずか 0.4% です。

3.9 Excel「二元配置法（繰り返しがある場合）」プログラムを用いての演習 2

例題 3-4

ある解熱剤の効果を調べるために、男性 2 人、女性 3 人の対象者に対し、薬剤投与前、薬剤投与後 30 分、薬剤投与後 60 分の体温を測定した。時間帯の変化による解熱剤の効果、男性と女性の体温の差を明らかにしなさい。

		因子 B 時間帯		
		投与前	投与後 30 分	投与後 60 分
因子 A 性別	男性	37.8	37.4	36.6
		37.5	36.8	36.4
	女性	38.1	37.7	36.8
		36.9	36.2	36.2
		37.2	36.9	36.5

① 例題のセル別件数を算出したとき、「2」と「3」があり（表 3.4 参照）、繰り返し数が一定ではありません。

このようなデータ表に対し、Excel の分析ツールは適用できません。その場合の処理は、アイスタット社のホームページ（http://istat.co.jp/）よりダウンロードした「実験計画法ソフト」の 2 元配置法（繰り返しがある場合）を適用します。

参照 271 ページ参照

② 例題のデータは次に示すどちらかで作成してください。

1. Excel のシートに直接入力する
   ただし、入力は図 3.6 のような形式で行う
2. アイスタット社のホームページ（http://istat.co.jp/）よりダウンロード「実験計画法ソフト演習データ .xlsx 」

③ メニューバーの［アドイン］を選択し、メニューコマンド［2 元配置法（繰り返しがある場合)］を実行します。

表示されたダイアログボックスで図 3.6 のように入力し、［OK］をクリックします。

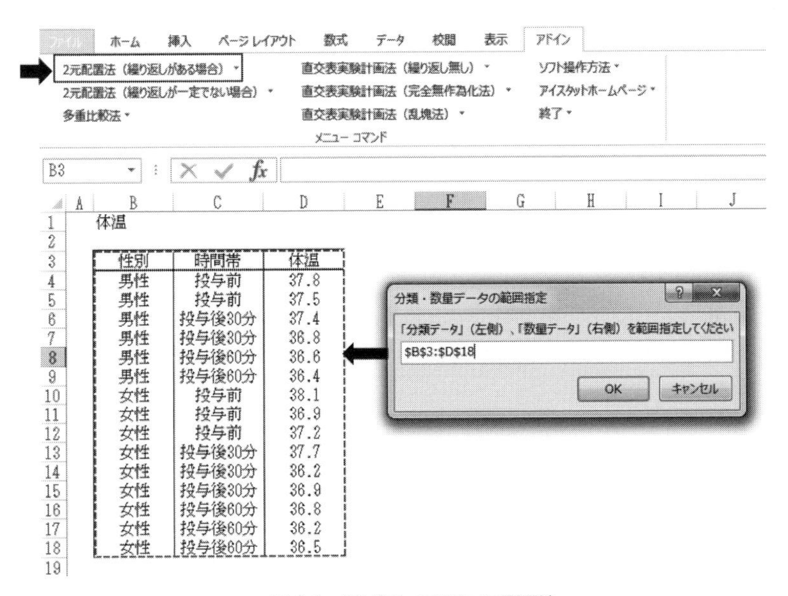

体温

性別	時間帯	体温
男性	投与前	37.8
男性	投与前	37.5
男性	投与後30分	37.4
男性	投与後30分	36.8
男性	投与後60分	36.6
男性	投与後60分	36.4
女性	投与前	38.1
女性	投与前	36.9
女性	投与前	37.2
女性	投与後30分	37.7
女性	投与後30分	36.2
女性	投与後30分	36.9
女性	投与後60分	36.8
女性	投与後60分	36.2
女性	投与後60分	36.5

図 3.6　繰り返しのある二元配置法

範囲指定

2 つの分類データと数量データを項目名も含めて範囲指定します。

個体数 …………………………………… 10,000 まで

2 つの分類データの水準数 …………… どちらも 2 ～ 10

件数表でセル内の数値が 0 の場合 …… 処理できません

④ 図 3.7 のようなメッセージが表示されます。

表示の数値は、個体数の質問です。数に間違いがなければ、［はい］を選択します。

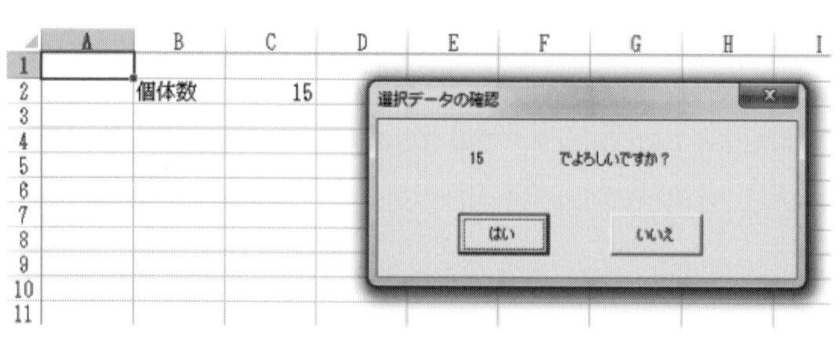

図 3.7 メッセージ

⑤ 結果が出力されます。

表 3.20 結果

二元配置法（繰り返しがある場合）

個体数 15

件数表

水準名	投与前	投与後 30 分	投与後 60 分	横計
男性	2	2	2	6
女性	3	3	3	9
縦計	5	5	5	15

平均値表

水準名	投与前	投与後 30 分	投与後 60 分	横計
男性	37.7	37.1	36.5	37.1
女性	37.4	36.9	36.5	36.9
縦計	37.5	37.0	36.5	37.0

分散分析表

要因	偏差平方和	自由度	不偏分散	分散比	p 値	判定
全体変動	4.94	14	0.353			
因子（A）	0.07	1	0.069	0.268	0.617	[ ]
因子（B）	2.50	2	1.250	4.825	0.038	[*]
交互作用	0.04	2	0.019	0.075	0.928	[ ]
誤差変動	2.33	9	0.259			

上記、結果には、棄却限界値 F_0 の表示がありません。

棄却限界値 F_0 を求めたい場合は、Excel の関数を使って算出します。

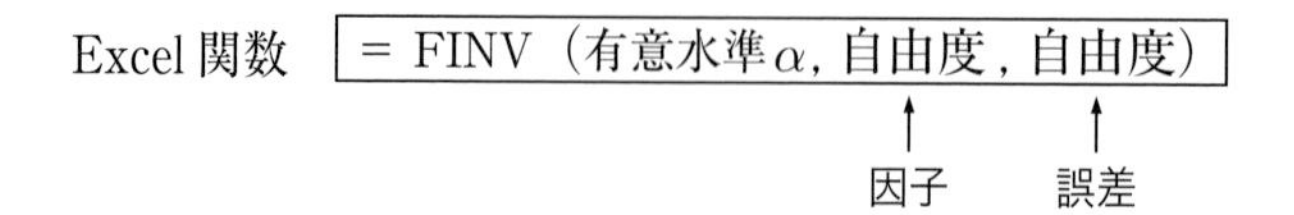

	有意水準 0.01（1%）	有意水準 0.05（5%）
因子 A	= FINV(0.01, 1, 9) = 10.561	= FINV(0.05, 1, 9) = 5.117
因子 B	= FINV(0.01, 2, 9) = 8.022	= FINV(0.05, 2, 9) = 4.256
交互作用	= FINV(0.01, 2, 9) = 8.022	= FINV(0.05, 2, 9) = 4.256

⑥ 結論を導きます（一部省略）。参照 70 ページ参照

因子 A は、　$p = 0.167 > 0.05$ [ ] より有意でない

因子 B は、　$p = 0.038 < 0.05$ [*] より有意である

交互作用は、　$p = 0.928 > 0.05$ [ ] より有意でない

因子（B）の「時間帯」に [*] が付いたので、「時間帯」は体温の変化に影響を及ぼし、この解熱剤は効果があったと判断します。

因子（A）の「性別」に判定マークが付かないので、「性別」による体温の差はないと判断します。

また、交互作用にも判定マークが付かないので、交互作用がなかったと判断します。

第4章

二元配置法
（繰り返しが一定でない場合）

4.1 二元配置法（繰り返しが一定でない場合）によって明らかにできること

二元配置法（繰り返しが一定でない場合）によって明らかにできることは、下記の通りです。二元配置法（繰り返しがある場合）と同様です。

1. 2つの因子AとBの効果及びAとBの交互作用を明らかにする
2. 因子Aの母平均がすべて等しいか否か（均等性）
3. 因子Bの母平均がすべて等しいか否か（均等性）

4.2 二元配置法（繰り返しが一定でない場合）におけるデータ形式

二元配置法で適用するデータには4つの形があることを51ページで示しました。この節は、51ページ「ウ」のデータ形式について解説します。

◆「ますめ」の繰り返し数が等しくなく、縦計、横計の繰り返し数にも比例していない場合

表4.1は、「海外旅行回数」を収集しました。

表4.1　海外旅行回数

データ単位（回）

		年代別		
		40才以上	30才代	20才代
性別	女性	2 2	3 5 6	8 10
	男性	1 3 2	7 5 6	4 4 3 5

繰り返し数を数えると次になります

	40才以上	30才代	20才代	横計
女性	2	3	2	7
男性	3	3	4	10
縦計	5	6	6	17

縦計の繰り返しの数　5：6：6 → 比例していない
横計の繰り返しの数　7：10　→ 比例していない

各組み合わせのデータ数が一定でない場合、表4.1のデータを次のように並べ替えます。

表 4.2　並べ替えたデータ

No.	性別	年代	海外旅行回数
1	女性	40 才以上	2
2	女性	40 才以上	2
3	女性	30 才代	3
4	女性	30 才代	5
5	女性	30 才代	6
6	女性	20 才代	8
7	女性	20 才代	10
8	男性	40 才以上	1
9	男性	40 才以上	3
10	男性	40 才以上	2
11	男性	30 才代	7
12	男性	30 才代	5
13	男性	30 才代	6
14	男性	20 才代	4
15	男性	20 才代	4
16	男性	20 才代	3
17	男性	20 才代	5

二元配置法(繰り返しが一定でない場合)は、Excelの分析ツール「二元配置法」では計算することができません。

しかし、Excel の分析ツール「回帰分析」または株式会社アイスタット（http://istat.co.jp/）作成の実験計画法ソフトを用いて計算することができます。

これらを適用する場合のデータ形式は、表 4.2 のようにします。

◆　Excel の回帰分析

2つの因子 A、B を説明変数、測定された数値データを目的変数として重回帰分析を行うと、二元配置法（繰り返しが一定でない場合）の目的を達成することができます。

重回帰分析は、Excel の分析ツール「回帰分析」で行うことができます。

重回帰分析を適用するために、データを次のように変換します。

① 性別を因子 A、年代を因子 B とし、因子 A、因子 B の各水準を、1、0 のデータ（ダミー変数）に変換します。

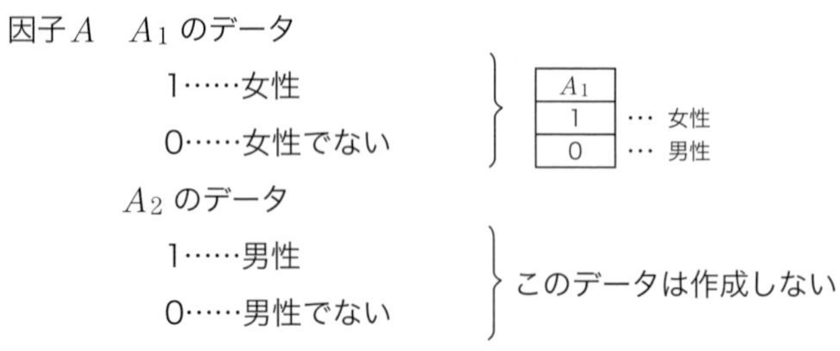

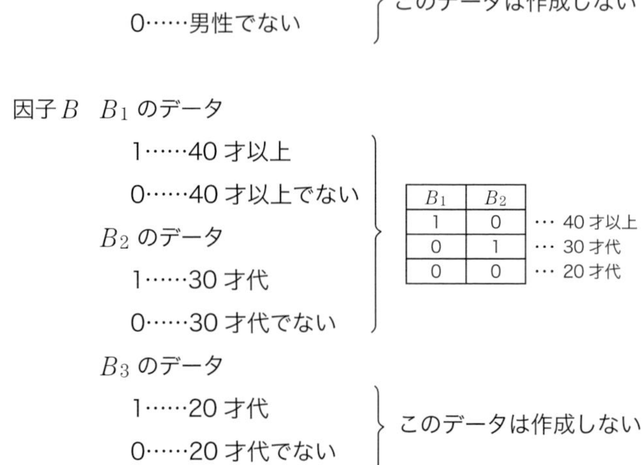

すべての人（17名）について、A_1、B_1、B_2 における1、0を求めて、表4.3の主効果へ転記します。

② 交互作用のデータを作成します。

交互作用は A と B を含むすべての組み合わせを作成します。
この例では $A_1 \times B_1$、$A_1 \times B_2$ です。計算は、かけ算によって行います。

交互作用 $A_1 \times B_1$ → 因子 A_1 ×因子 B_1 のかけ算

交互作用 $A_1 \times B_2$ → 因子 A_1 ×因子 B_2 のかけ算

表 4.3　主効果と交互作用

	主効果			交互作用		
No.	因子 A_1	因子 B_1	因子 B_2	$A_1 \times B_1$	$A_1 \times B_2$	海外旅行回数
1	1	1	0	1	0	2
2	1	1	0	1	0	2
3	1	0	1	0	1	3
4	1	0	1	0	1	5
5	1	0	1	0	1	6
6	1	0	0	0	0	8
7	1	0	0	0	0	10
8	0	1	0	0	0	1
9	0	1	0	0	0	3
10	0	1	0	0	0	2
11	0	0	1	0	0	7
12	0	0	1	0	0	5
13	0	0	1	0	0	6
14	0	0	0	0	0	4
15	0	0	0	0	0	4
16	0	0	0	0	0	3
17	0	0	0	0	0	5
	↑ 1. 女性	↑ 1. 40才以上	↑ 1. 30代			

4.3 二元配置法（繰り返しが一定でない場合）の計算方法と結果

二元配置法（繰り返しが一定でない場合）は、重回帰分析を行うことにより求められることを先に述べました。ここでは、重回帰分析を公式に基づいて計算する方法は割愛し、Excelの分析ツール「回帰分析」を用いての計算方法と結果を説明します。この結果は、重回帰分析を公式に基づいて計算した結果と同じになります。

◆ 変動の分解

① 目的変数を海外旅行回数とした重回帰分析を、次に示す4つのケースで行い、回帰からの変動（偏差平方和）を求めます。

1. 5変数を説明変数 (A_1、B_1、B_2、$A_1 \times B_1$、$A_1 \times B_2$) とする
2. 3変数を説明変数 (A_1、B_1、B_2) とする
3. 1変数を説明変数 (A_1) とする
4. 2変数を説明変数 (B_1、B_2) とする

次の結果は、Excelの分析ツール「回帰分析」で求めた結果を抜粋したものです。

参照 Excelの分析ツール「回帰分析」の操作方法は、90ページ参照

1. 5変数の重回帰　回帰からの変動 ＝ 79.569 → この値をSa, b, abと名称
2. 3変数の重回帰　回帰からの変動 ＝ 48.968 → この値をSa, bと名称
3. 1変数の重回帰　回帰からの変動 ＝ 5.378 → この値をSaと名称
4. 2変数の重回帰　回帰からの変動 ＝ 43.569 → この値をSbと名称

表 4.4　回帰からの変動

分散分析表（1．5 変数の場合）　→ $Sa,\ b,\ ab$

	自由度	変動	分散	観測された分散比	有意 F
回帰	5	79.569	15.914	13.820	0.000
残差	11	12.667	1.152		
合計	16	92.235			

分散分析表（2．3 変数の場合）　→ $Sa,\ b$

	自由度	変動	分散	観測された分散比	有意 F
回帰	3	48.968	16.323	4.904	0.017
残差	13	43.267	3.328		
合計	16	92.235			

分散分析表（3．1 変数の場合）　→ Sa

	自由度	変動	分散	観測された分散比	有意 F
回帰	1	5.378	5.378	0.929	0.350
残差	15	86.857	5.790		
合計	16	92.235			

分散分析表（4．2 変数の場合）　→ Sb

	自由度	変動	分散	観測された分散比	有意 F
回帰	2	43.569	21.784	6.267	0.011
残差	14	48.667	3.476		
合計	16	92.235			

因子 A、因子 B、交互作用の変動及び誤差変動を次の公式により求めます。

因子 *A* の変動　$S_A = S_{a,b} - S_b = 48.968 - 43.569 = 5.399$

因子 *B* の変動　$S_B = S_{a,b} - S_a = 48.968 - 5.378 = 43.590$

交互作用の変動　$S_{A \times B} = S_{a,b,ab} - S_{a,b} = 79.569 - 48.968 = 30.601$

誤差変動　$S_E = S_T - S_A - S_B - S_{A \times B}$

$$= 92.235 - 5.399 - 43.590 - 30.601 = 12.645$$

ただし S_T は、海外旅行回数の偏差平方和で、92.235 となります。

② 二元配置法（繰り返しが一定でない場合）の分散分析表を作成します。

表 4.5 分散分析表作成のための表

要因	偏差平方和	自由度	不偏分散	分散比
全体変動	S_T	$f = n - 1$	$V = S/f$	
因子 A の変動	$S_A = S_{a,b} - S_b$	$f_A =^* C_A - 1$	$V_A = S_A/f_A$	$F_A = V_A/V_E$
因子 B の変動	$S_B = S_{a,b} - S_a$	$f_B =^* C_B - 1$	$V_B = S_B/f_B$	$F_B = V_B/V_E$
交互作用の変動	$S_{A\times B} = S_{a,b,ab} - S_{a,b}$	$f_{A\times B} = f_A \times f_B$	$V_{A\times B} = S_{A\times B}/f_{A\times B}$	$F_{A\times B} = V_{A\times B}/V_E$
誤差変動	$S_E = S_T - S_A - S_B - S_{A\times B}$	$f_E = n - (f_A + 1)(f_B + 1)$	$V_E = S_E/f_E$	

$*C_A$……因子 A のカテゴリー
$*C_B$……因子 B のカテゴリー

表 4.6 分散分析表

要因	偏差平方和	自由度	不偏分散	分散比	p 値	判定
全体変動	92.235	16				
因子 A	5.399	1	5.399	4.697	0.053	[ ]
因子 B	43.590	2	21.795	18.959	0.000	[**]
交互作用 $A\times B$	30.601	2	15.300	13.309	0.001	[**]
誤差 E	12.645	11	1.150			

参照 p 値の求め方、検定の詳細は、30 ページ参照

分散分析表から次のことがわかりました。

1. 目的変数である海外旅行回数は、性別（因子 A）では差はなく、年代（因子 B）で差があることがわかりました
2. 性別と年代では交互作用があります。交互作用がある場合、グラフを描いて交互作用の意味を解釈します
   年代は下がるほど海外旅行回数は多くなりますが、その傾向は女性に見られ、男性は見られません

表 4.7 平均

	40才以上	30才代	20才代	横計
女性	2.0	4.7	9.0	5.1
男性	2.0	6.0	4.0	4.0
縦計	2.0	5.3	5.7	4.5

女性の平均＝(2＋2＋3＋5＋6＋8＋10) ÷ 7＝5.1

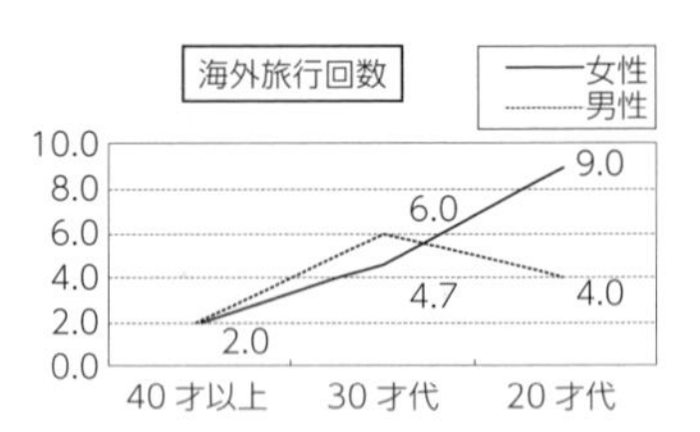

図 4.1 海外旅行回数の平均グラフ

4.4 Excel「二元配置法（繰り返しが一定でない場合)」プログラムを用いての演習 1

例題 4-1

海外旅行回数のデータです。年代、性別の差を明らかにしなさい。

データ単位（回）

		年代別		
		40才以上	30才代	20才代
性別	女性	2 2	3 5 6	8 10
	男性	1 3 2	7 5 6	4 4 3 5

① 例題のセル別件数を算出したとき、繰り返し数が等しくなく、セル別件数が比例していない場合（表 4.1 参照)、Excel の分析ツールに「繰り返しが一定でない場合」の機能がないので、アイスタット社のホームページ（http://istat.co.jp/) よりダウンロードした「実験計画法ソフト」の 2 元配置法（繰り返しが一定でない場合）を適用します。

参照 実験計画法ソフトの起動方法は、277 ページ参照

② 例題のデータは次に示すどちらかで作成してください。

1．Excel のシートに直接入力する
ただし、入力は表 4.2 のような形式で行う
2．アイスタット社のホームページ(http://istat.co.jp/) よりダウンロード「実験計画法ソフト演習データ .xlsx」

③ メニューバーの［アドイン］を選択し、メニューコマンド［2 元配置法（繰り返しが一定でない場合)］を実行します。
表示されたダイアログボックスで図 4.2 のように入力し、[OK] をクリックします。

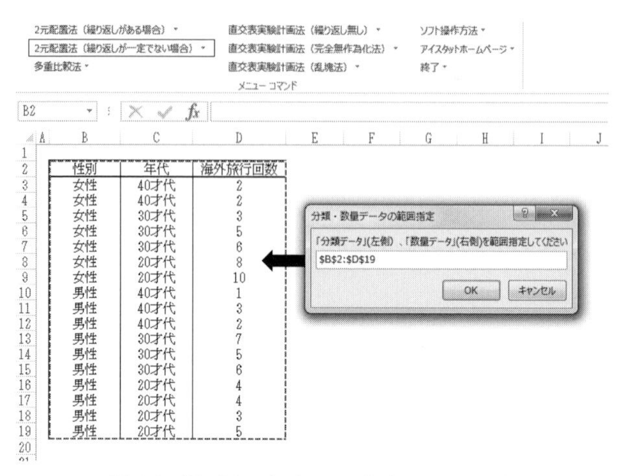

性別	年代	海外旅行回数
女性	40才代	2
女性	40才代	2
女性	30才代	3
女性	30才代	5
女性	30才代	6
女性	20才代	8
女性	20才代	10
男性	40才代	1
男性	40才代	3
男性	40才代	2
男性	30才代	7
男性	30才代	5
男性	30才代	6
男性	20才代	4
男性	20才代	4
男性	20才代	3
男性	20才代	5

図 4.2　繰り返しが一定でない場合の二元配置法

範囲指定

2つの分類データと数量データを項目名も含めて範囲指定します。

個体数 ……………………………………… 2,000まで

2つの分類データの水準数 ……………… どちらも2～7

件数表でセル内の数値が0の場合 ……… 処理できません

④ 図4.3のようなメッセージが表示されます。

表示の数値は、個体数の質問です。数に間違いがなければ、[はい]を選択します。

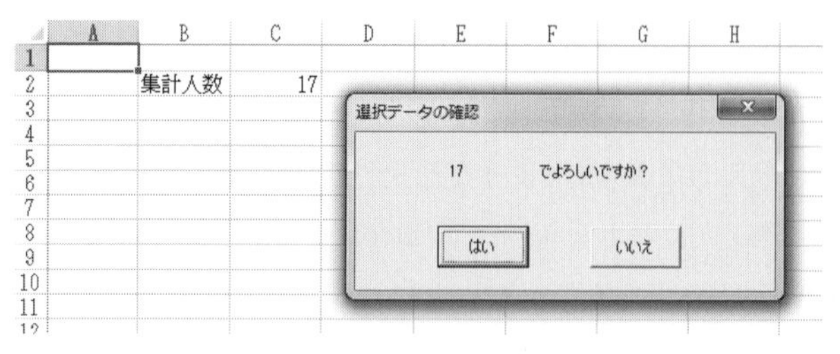

図 4.3　メッセージ

⑤ 結果が出力されます。

表 4.8 結果

二元配置法（繰り返しが一定でない場合）

件数表

水準数	40 才代	30 才代	20 才代	横計
女性	2	3	2	7
男性	3	3	4	10
縦計	5	6	6	17

平均値表

水準数	40 才代	30 才代	20 才代	横計
女性	2	4.7	9.0	5.1
男性	2	6.0	4.0	4.0
縦計	2	5.3	5.7	4.5

分散分析表

要因	偏差平方和	自由度	不偏分散	分散比	p 値	判定
全体変動	92.235	16	5.7647			
因子（A）	5.399	1	5.3994	4.6969	0.0530	[ ]
因子（B）	43.590	2	21.7950	18.9591	0.0003	[**]
交互作用	30.601	2	15.3003	13.3095	0.0012	[**]
誤差変動	12.645	11	1.1496			

上記、結果には、棄却限界値 F_0 の表示がありません。

棄却限界値 F_0 を求めたい場合は、Excel の関数を使って算出します。

Excel 関数 = FINV（有意水準 α, 自由度 , 自由度）

↑因子　↑誤差

	有意水準0.01（1%）	有意水準0.05（5%）
因子 A	= FINV(0.01, 1, 11) = 9.646	= FINV(0.05, 1, 11) = 4.844
因子 B	= FINV(0.01, 2, 11) = 7.206	= FINV(0.05, 2, 11) = 3.982
交互作用	= FINV(0.01, 2, 11) = 7.206	= FINV(0.05, 2, 11) = 3.982

⑥ 結論を導きます（一部省略）。参照 86 ページ参照

- 海外旅行回数は、性別（因子 A）では差はなく、年代（因子 B）で差があることがわかりました
- 性別と年代では交互作用があります。交互作用がある場合、グラフを描いて交互作用の意味を解釈します
  年代は下がるほど海外旅行回数は多くなりますが、その傾向は女性に見られ、男性は見られません

4.5 Excel 分析ツール「回帰分析」を用いての二元配置法（繰り返しが一定でない場合）の演習 2

例題 4-2

海外旅行回数のデータです。年代、性別の差を明らかにしなさい。

データ単位（回）

		年代別		
		40才以上	30才代	20才代
性別	女性	2	3	8
		2	5	10
			6	
	男性	1	7	4
		3	5	4
		2	6	3
				5

① 例題のセル別件数を算出したとき、繰り返し数が等しくなく、セル別件数が比例していない場合（表 4.1 参照）、Excel の分析ツール「回帰分析」を用いて、2 元配置法（繰り返しが一定でない場合）を求めることができます。

② 例題のデータを表 4.2 のようなデータに変換します。

③ Excel メニューバー［データ］→［データ分析］→［回帰分析］を選択します。

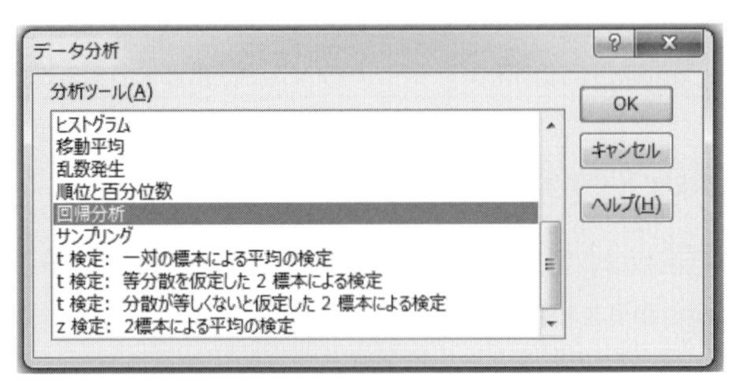

図 4.4 ［データ分析］回帰分析

参照 ［データ分析］コマンドが表示されない場合は、269 ページ参照

④ まず、5 変数の場合の回帰分析を行います。
表示されたダイアログボックスで図 4.5 のように入力し、[OK] をクリックすると、表 4.9 のような分析結果が表示されます。

No.	因子 A_1	因子 B_1	因子 B_2	$A_1 \times B_1$	$A_1 \times B_2$	海外旅行回数
1	1	1	0	1	0	2
2	1	1	0	1	0	2
3	1	0	1	0	1	3
4	1	0	1	0	1	5
5	1	0	1	0	1	6
6	1	0	0	0	0	8
7	1	0	0	0	0	10
8	0	1	0	0	0	1
9	0	1	0	0	0	3
10	0	1	0	0	0	2
11	0	0	1	0	0	7
12	0	0	1	0	0	5
13	0	0	1	0	0	6
14	0	0	0	0	0	4
15	0	0	0	0	0	4
16	0	0	0	0	0	3
17	0	0	0	0	0	5

1. 女性	1. 40才以上	1. 30代

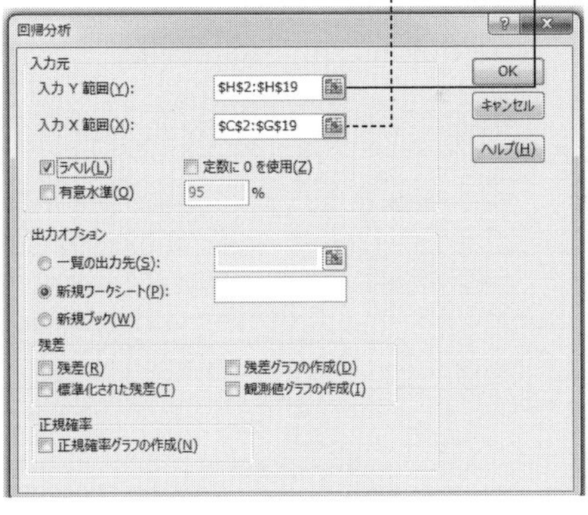

回帰分析
入力元
入力 Y 範囲(Y): $H$2:$H$19
入力 X 範囲(X): $C$2:$G$19
ラベル(L)　定数に 0 を使用(Z)
有意水準(O) 95 %
出力オプション
一覧の出力先(S):
新規ワークシート(P):
新規ブック(W)
残差
残差(R)　残差グラフの作成(D)
標準化された残差(T)　観測値グラフの作成(I)
正規確率
正規確率グラフの作成(N)
OK
キャンセル
ヘルプ(H)

図 4.5　範囲指定

⑤ 5 変数の場合の結果が出力されます。

表 4.9　結果

概要

回帰統計	
重相関 R	0.9288003
重決定 $R2$	0.8626701
補正 $R2$	0.8002474
標準誤差	1.0730867
観測数	17

全体変動

「回帰からの変動」

分散分析表

	自由度	変動	分散	観測された分散比	有意 F
回帰	5	79.57	15.913725	13.82	0.0002
残差	11	12.67	1.1515152		
合計	16	92.24			

	係数	標準誤差	t	p 一値	下限 95%	上限 95%	下限 95.0%	上限 95.0%
切片	4	0.53654	7.45513	0.00001	2.81908	5.18092	2.81908	5.18092
因子 A_1	5	0.92932	5.38028	0.00022	2.95458	7.04542	2.95458	7.04542
因子 B_1	−2	0.81958	−2.44026	0.03281	−3.80389	−0.19611	−3.80389	−0.19611
因子 B_2	2	0.81958	2.44026	0.03281	0.19611	3.80389	0.19611	3.80389
$A_1 \times B_1$	−5	1.35027	−3.70296	0.00348	−7.97193	−2.02807	−7.97193	−2.02807
$A_1 \times B_2$	−6.33	1.27723	−4.95865	0.00043	−9.14449	−3.52217	−9.14449	−3.52217

同様に、3変数、2変数、1変数の場合の回帰分析を行います。

データの範囲指定は、下記の項目名の彩色のあるデータを入力します。

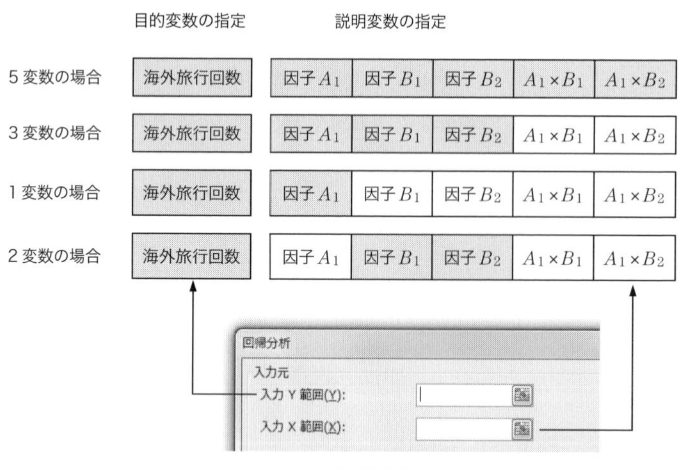

図 4.6　範囲指定

結果から、下記変動を抽出し、分散分析表を公式に基づいて作成します。

参照 作成方法は、85 ページ参照

1．5 変数の重回帰　回帰からの変動 = 79.569 → この値を Sa、b、ab と名称
2．3 変数の重回帰　回帰からの変動 = 48.968 → この値を Sa、b と名称
3．1 変数の重回帰　回帰からの変動 = 5.378 → この値を Sa と名称
4．2 変数の重回帰　回帰からの変動 = 43.569 → この値を Sb と名称

⑥ 結論を導きます

- 海外旅行回数は、性別（因子 A）では差はなく、年代（因子 B）で差があることがわかりました
- 性別と年代では交互作用があります。交互作用がある場合、グラフを描いて交互作用の意味を解釈します。年代は下がるほど海外旅行回数は多くなりますが、その傾向は女性に見られ、男性は見られません

表 4.7 再掲　平均

	40才以上	30才代	20才代	横計
女性	2.0	4.7	9.0	5.1
男性	2.0	6.0	4.0	4.0
縦計	2.0	5.3	5.7	4.5

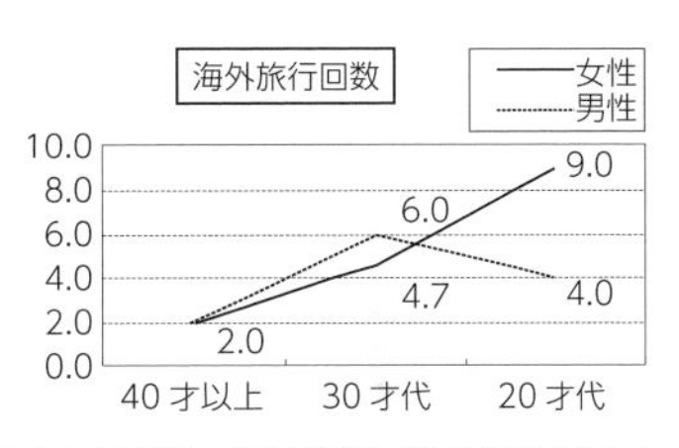

図 4.1 再掲　海外旅行回数の平均グラフ

第5章

二元配置法（繰り返しがない場合）

5.1 二元配置法（繰り返しがない場合）によって明らかにできること

二元配置法（繰り返しがない場合）は、二元配置法（繰り返しがある場合）と同様に、2つの因子 A と B の効果を明らかにすることができます。ただしこの手法では、A と B の交互作用は推察できません。

注：この手法で適用できるデータは「ますめ」の中にデータが1つしか存在しないことから、数学的に交互作用の計算をすることができません

5.2 二元配置法（繰り返しがない場合）におけるデータ形式

二元配置法で適用するデータには4つの形があることを51ページで示しました。この節は、51ページ「エ」のデータ形式について解説します。

◆ 1つの「ますめ」に1つのデータしか存在しない

二元配置法（繰り返しがない場合）の具体例を紹介します。

甲、乙、丙3人の工員が、A、B、C、D、4台の工作機械によって1日に製作した部品の数は、次の通りでした。

出来高部品数の多い、少ないは「機械の差」「工員の差」いずれによるものなのかを明らかにしたいと思います。

表5.1 工員と機械の関係

機械＼工員	甲	乙	丙
A	41	40	39
B	43	42	41
C	40	41	39
D	40	38	36

1つの「ますめ」に1つのデータしか存在しない

どの「ますめ」も1つしかデータがない場合、二元配置法（繰り返しがある場合）は適用できないため、表5.1では二元配置法（繰り返しがない場合）を適用します。

注：「繰り返しがない」とはデータが1つという意味です

◆「対応のある場合」「対応のない場合」

一元配置のデータを再掲します。

表5.2　制がん剤濃度

10ml	20ml	40ml
10	15	40
10	25	50
5	35	20
15	25	20

表5.2は、異なる12匹のねずみについて、各1回測定したものです。

表5.1は、3人の工員について各4回測定しています。

上記のような行と列から構成される表にデータが収められている場合、横（縦でもよい）の1行のデータが同じ対象者の場合は「対応のある場合」、異なる対象者の場合は「対応のない場合」といいます。

一元配置法と二元配置法（繰り返しがない場合）のデータ形式は類似していますが、一元配置法は「対応のない場合」のデータ、二元配置法（繰り返しがない場合）は「対応のある場合」のデータに適用する手法といえます。

5.3 二元配置法（繰り返しがない場合）における変動の分解及び検定方法

◆ 変動の分解

二元配置法（繰り返しがない場合）の手法は、全体変動を図5.1のように3つの変動に分解し、因子Aと因子Bの効果を把握する手法です。

全体変動（S）
- 因子Aによる変動（S_A）
- 因子Bによる変動（S_B）
- 誤差変動（S_E）

図5.1 全体変動の分解

SとS_A、S_B、S_Eの間に次の関係式が成立します。

$$S = S_A + S_B + S_E$$

◆ 検定方法

当手法の検定方法は、二元配置法（繰り返しがある場合）と同じですので説明は省略します。参照 56ページ参照

5.4 二元配置法（繰り返しがない場合）の公式

公式

表 5.3 データと水準別平均

		因子 B							合計	平均
		B_1	B_2	B_3	$\cdots$	B_j	$\cdots$	B_b		
因子 A	A_1	$\chi 11$	$\chi 12$	$\chi 13$	$\cdots$	$\chi 1j$	$\cdots$	$\chi 1b$	$T_{1\bullet}$	$\bar{x}_{1\bullet}$
	A_2	$\chi 21$	$\chi 22$	$\chi 23$	$\cdots$	$\chi 2j$	$\cdots$	$\chi 2b$	$T_{2\bullet}$	$\bar{x}_{2\bullet}$
	A_3	$\chi 31$	$\chi 32$	$\chi 33$	$\cdots$	$\chi 3j$	$\cdots$	$\chi 3b$	$T_{3\bullet}$	$\bar{x}_{3\bullet}$
	$\vdots$	$\vdots$	$\vdots$	$\vdots$	$\cdots$	$\vdots$	$\cdots$	$\vdots$	$\vdots$	$\vdots$
	A_i	$\chi i1$	$\chi i2$	$\chi i3$	$\cdots$	χij	$\cdots$	χib	$T_{i\bullet}$	$\bar{x}_{i\bullet}$
		$\vdots$	$\vdots$	$\vdots$	$\cdots$	$\vdots$	$\cdots$	$\vdots$	$\vdots$	$\vdots$
	A_a	$\chi a1$	$\chi a2$	$\chi a3$	$\cdots$	χaj	$\cdots$	χab	$T_{a\bullet}$	$\bar{x}_{a\bullet}$
合計		$T_{\bullet 1}$	$T_{\bullet 2}$	$T_{\bullet 3}$	$\cdots$	$T_{\bullet j}$	$\cdots$	$T_{\bullet b}$	T	
平均		$\bar{x}_{\bullet 1}$	$\bar{x}_{\bullet 2}$	$\bar{x}_{\bullet 3}$	$\cdots$	$\bar{x}_{\bullet j}$	$\cdots$	$\bar{x}_{\bullet b}$		$\bar{\bar{x}}$

$$S = \sum_{i=1}^{a} \sum_{j=1}^{b} (x_{ij} - \bar{\bar{x}})^2$$

$$S_A = b \sum_{i=1}^{a} (\bar{x}_{i\bullet} - \bar{\bar{x}})^2$$

$$S_B = a \sum_{j=1}^{b} (\bar{x}_{\bullet j} - \bar{\bar{x}})^2$$

$$S_E = S - S_A - S_B$$

自由度 $f = ab - 1, \quad f_A = a - 1, \quad f_B = b - 1,$

$$f_E = (a-1)(b-1)$$

表 5.4 分散分析表

要因	偏差平方和	自由度	不偏分散	分散比
全体変動	S	f	$V = S/f$	
因子間変動 A	S_A	f_A	$V_A = S_A/f_A$	$F_A = V_A/V_E$
因子間変動 B	S_B	f_B	$V_B = S_B/f_B$	$F_B = V_B/V_E$
誤差変動	S_E	f_E	$V_E = S_E/f_E$	

5.5 二元配置法（繰り返しがない場合）を公式に基づいて計算する

例題 5-1

甲、乙、丙３人の工員が、A、B、C、D、４台の工作機械によって１日に製作した部品の数は、次の通りでした。

部品数の出来高は、機械、工員による差があるかを調べなさい。

機械＼工員	甲	乙	丙
A	41	40	39
B	43	42	41
C	40	41	39
D	40	38	36

解答

適用した２つの因子についての効果を明らかにしたい場合、かつ測定されたデータにおいてどの「ますめ」もデータが１つの場合、二元配置法（繰り返しがない場合）を適用します。

① 機械を因子 A、工員を因子 B として、各条件の平均値と合計を求めます。

表 5.5　各水準の合計と平均値

機械＼工員	甲	乙	丙	合計	平均
A	41	40	39	120	40
B	43	42	41	126	42
C	40	41	39	120	40
D	40	38	36	114	38
合計	164	161	155	480	-
平均	41	40.25	38.75	-	40

② S、S_A、S_B を二元配置法の公式を用いて、計算します。

$$全体(S) = (41-40)^2 + (43-40)^2 + (40-40)^2 + (40-40)^2 \cdots + (39-40)^2 + (36-40)^2 = 38$$

因子 A（S_A）　$= 3 \times \{(40 - 40)^2 + (42 - 40)^2 + (40 - 40)^2 + (38 - 40)^2\}$

$= 24$

因子 B（S_B）　$= 4 \times \{(41 - 40)^2 + (40.25 - 40)^2 + (38.75 - 40)^2\}$

$= 10.5$

誤差（S_E）　$= S - S_A - S_B = 38 - 24 - 10.5 = 3.5$

③ 自由度を求めます。

$f = ab - 1 = 4 \times 3 - 1 = 11$

$f_A = a - 1 = 4 - 1 = 3$

$f_B = b - 1 = 3 - 1 = 2$

$f_E = (a - 1)(b - 1) = (4 - 1)(3 - 1) = 3 \times 2 = 6$

④ 分散分析表を作成します。

表 5.6　分散分析表

要因	偏差平方和	自由度	不偏分散	分散比
全体変動	$S = 38$	$f = 11$	$V = S/f = 3.45$	
因子間変動 A	$S_A = 24$	$f_A = 3$	$V_A = S_A/f_A = 8.00$	$F_A = V_A/V_E = 13.71$
因子間変動 B	$S_B = 10.5$	$f_B = 2$	$V_B = S_B/f_B = 5.25$	$F_B = V_B/V_E = 9.00$
誤差変動	$S_E = 3.5$	$f_E = 6$	$V_E = S_E/f_E = 0.58333$	

⑤ 有意水準 α を定めます。

外れる確率、0.01（1%）、0.05（5%）のどちらかを適用します。

⑥ 棄却限界値 F_0 を求めます。

求め方は、Excel の関数を使って算出します。

Excel 関数　= FINV（有意水準 α, 自由度 , 自由度）

↑ 因子　↑ 誤差

要因	有意水準 0.01（1%）の場合	有意水準 0.05（5%）の場合
因子 A	= FINV(0.01, 3, 6) = 9.780	= FINV(0.05, 3, 6) = 4.757
因子 B	= FINV(0.01, 2, 6) = 10.925	= FINV(0.05, 2, 6) = 5.143

⑦ 有意差判定を行います。

分散比F_A、F_Bと棄却限界値$F_0(f_A、f_E、\alpha)$、$F_0(f_B、f_E、\alpha)$の値を比較し、有意差判定を行います。

分散比が棄却限界値より大きい	→	有意である、差がある
分散比が棄却限界値より小さい	→	有意でない、差があるといえない

因子A（機械）は、$F_A = 13.71 > F_0$ (3、6、0.01)
$F_A = 13.71 > F_0 = 9.78$より、
有意水準1%で有意である

因子B（工員）は、$F_B = 9.00 > F_0$(2、6、0.05)
$F_B = 9.00 > F_0 = 5.143$より、
有意水準5%で有意である

これにより、機械、工員どちらでも部品数の出来高に差があったといえます。

⑧ 有意確率を求めます。

p値から有意差判定を行うこともできます。
求められたp値を有意水準αと比較します。

p値が0.01より小さい [**] p値が0.05より小さい [*] ↓	p値が0.01より大きい [ ] p値が0.05より大きい [ ] ↓
有意である	有意でない

p値は、Excelの関数を使って算出します。

Excel関数 = FDIST（分散比 , 自由度 , 自由度）

（第1の自由度：因子、第2の自由度：誤差）

要因	Excel関数	p値	判定
因子A	= FDIST(13.71, 3, 6)	0.0043	[**]
因子B	= FDIST(9.00, 2, 6)	0.0156	[*]

因子 A（機械）は、p = 0.0043 < 0.01 [**] より、
有意水準 1%で有意である
因子 B（工員）は、p = 0.0156 < 0.05 [*] より、
有意水準 5%で有意である

これにより、機械、工員どちらでも部品数の出来高に差があったといえます。

5.6 Excel 分析ツールを適用しての演習 1

例題 5-1

甲、乙、丙 3 人の工員が、A、B、C、D、4 台の工作機械によって 1 日に製作した部品の数は、次の通りでした。

部品数の出来高は、機械、工員による差があるかを調べなさい。

機械＼工員	甲	乙	丙
A	41	40	39
B	43	42	41
C	40	41	39
D	40	38	36

① 例題のデータは次に示すどちらかで作成してください。

1．Excel のシートに直接入力する
2．アイスタット社のホームページ（http://istat.co.jp/）よりダウンロード「実験計画法ソフト演習データ .xlsx」

② Excel メニューバー［データ］→［データ分析］→［分散分析：繰り返しのない二元配置］を選択します。

参照［データ分析］コマンドが表示されない場合、269 ページ参照

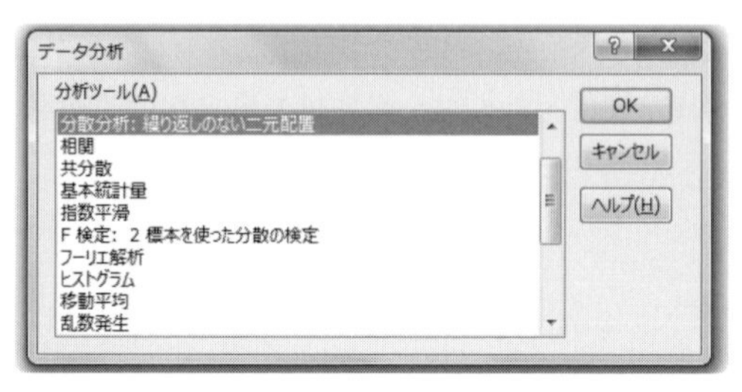

図 5.2 ［データ分析］分散分析：繰り返しのない二元配置

③ 表示されたダイアログボックスで図 5.3 のように入力し、［OK］をクリックすると、表 5.7 のような分析結果が表示されます。

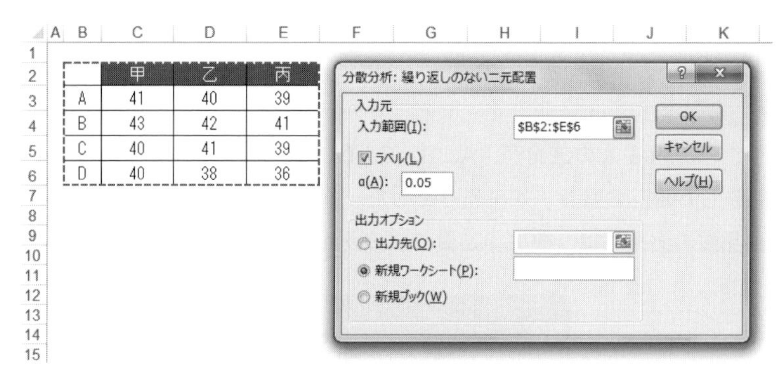

図 5.3 分散分析：繰り返しのない二元配置

※ダイアログボックスで、ラベルにチェックをしない場合、データの範囲指定は数値のみです

表 5.7　結果

分散分析：繰り返しのない二元配置

概要	標本数	合計	平均	分散
A	3	120	40	1
B	3	126	42	1
C	3	120	40	1
D	3	114	38	4
甲	4	164	41	2
乙	4	161	40.25	2.916666667
丙	4	155	38.75	4.25

分散分析表

変動要因	変動	自由度	分散	観測された分散比	p ー値	F 境界値
行	24	3	8	13.71	0.004	4.757
列	10.5	2	5.25	9	0.016	5.143
誤差	3.5	6	0.583333333			
合計	38	11				

④ 結論を導きます。

この手法では、交互作用は推察できません。結論は、次の通りです。

- 因子 A（機械）の p 値は 0.004 で有意水準 5%より小さいので有意である
- 因子 B（工員）の p 値は 0.016 で有意水準 5%より小さいので有意である

これにより、機械、工員どちらでも部品数の出来高に差があったといえます。

第6章

多重比較法

6.1 多重比較法とは

一元配置法で取り上げた18ページの具体例1から得られた結論は、「3メーカーの洗濯機の評価に差がある」ということでした。

ここで出された結論から、3メーカーに差があることはわかりましたが、どのメーカーがよいとか、メーカー間相互の優劣まではわかりません。このわからないことを解決してくれるのが、多重比較法です。

H、M、Nの3メーカーについて、H-M、H-N、M-Nのすべてについて従来のt検定（母平均の差の検定）を行うと、それぞれについては有意水準5%で判定していても、全体としては有意水準が大きく（下記に解説するが14.3%）なってしまいます。そのため、有意差が出やすい検定をしていることになってしまいます。

多重比較法とはどんな手法であるかを一言でいうならば、3つ以上の群（集団）を比較する場合、有意差が「出やすくなる」のを統計学的ルールに従って抑える検定であるといえます。

したがって、従来のt検定を用い、メーカー間の差、すなわちHとM、HとN、MとNを順番に検定する人がいますが、これは正しくありません。

◆ 有意水準が14.3%になる理由

外れる確率が5%と、くじを引く人にとっては魅力的なくじで説明します。くじを3回引いたとき、少なくとも1回当たる確率を計算してみましょう。確率の計算は%を小数点表示の比率にして行います。

- 外れる確率 $\alpha = 0.05 \to 5\%$
- 当たる確率 $1 - \alpha = 1 - 0.05 = 0.95 \to 95\%$
- 3回とも当たる確率 $(1 - \alpha)^3 = (1 - 0.05)^3 = 0.857 \to 85.7\%$
- 少なくとも1回外れる確率
  $1 - (1 - \alpha)^3 = 1 - 0.857 = 0.143 \to 14.3\%$

1回の外れる確率がわずか5%でも、そのくじを3回引いたとき、少なくとも

1 回外れる確率は 14.3% になります。

6.2　3 集団以上の場合、従来の t 検定を使用してはいけない理由

本題の、従来の t 検定を使用してはいけない理由を一元配置法のデータ（19 ページ）に対し考えてみます。

洗濯機 H、M、N の 3 製品相互を比較する組み合わせは HM、HN、MN の 3 通りになります。

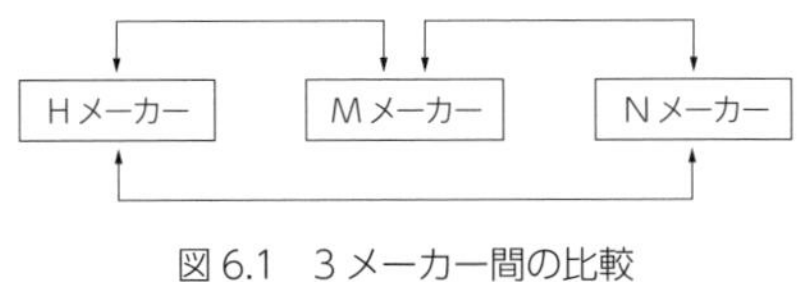

図 6.1　3 メーカー間の比較

各組み合わせに対し、従来の t 検定を行ってみます。

1 番目の組み合わせで H と M について「差がある」（あるいは「差がない」）という結論が得られたとします。「その結論は正しいか」の問いに対し、統計学では、「95％の自信を持って当たる」、あるいは「間違えるとしたら 5％である」という回答になります（統計学では 5％が一般的な基準で、この値を有意水準といいます）。

2 番目の組み合わせ H と N、3 番目の組み合わせ M と N についても、従来の t 検定を行います。3 つの組み合わせすべての検定を行ったとき、「結論が少なくとも 1 回間違っている確率」の問いに対し、統計学での解答はどうなるでしょうか。

先に述べた確率からおわかりのように、1 つの組み合わせの間違える確率が 5％（先の例では外れる確率といっていました）なので、3 回のうち、少なくとも 1 回間違える確率は 14.3％になります。

統計学の判断基準として 14.3％という値は大きすぎるので、この値を有意水準として検定をしてはいけないということです。

6.3 多重比較法における有意水準の求め方

従来の t 検定を適用すると、取り扱う項目数が多くなるほど、間違う確率は大きくなっています。

項目の数がいくつになろうと間違う確率を一定の値（有意水準といい、5%が一般的）に保つように考えられたのが多重比較法です。

多重比較法の有意水準の算出方法は次の考え方によって算出されます。

2つのみの比較
間違う確率　　有意水準$\alpha = 0.05$　5%

3つの比較
間違う確率　　$1-(1-\alpha)^3 = 1-(0.95)^3 = 0.143$　14.3%

αを小さくすればよい
仮にαをα / 組み合わせ数$=\alpha/3$にしてみる　$0.05/3 = 0.0167$　1.67%

3つの比較
間違う確率　　$1-(1-\alpha/3)^3 = 1-(1-0.0167)^3 = 1-0.95 = 0.05$
$\alpha/3$にすると5%になった

多重比較の有意水準
組み合わせ数　$k(k-1)/2$　　ただしkは集団の数

有意水準　$\dfrac{\alpha}{k(k-1)/2} = \dfrac{0.05}{3(3-1)/2} = \dfrac{0.05}{3} = 0.0167$

図6.2　フローチャート

多重比較法にはいろいろな種類がありますが、有意水準を求めるところでそれぞれ異なり、後の検定方法はすべて同じです。図6.2のような考え方で有意水準を求める方法は、ボンフェローニの多重比較法といわれ、最も一般的な手法です。

6.4 多重比較法の公式

はじめに従来の母平均の差の検定（t 検定）を示します。

公式

表 6.1　2 つの母集団の母平均の差の検定（t 検定）

集団No.	1	2
n	n_1	n_2
平均	$\bar{X}_1$	$\bar{X}_2$
標準偏差	u_1	u_2

この公式の適用できる前提条件

- 各集団が正規分布に従っていること
- 母分散が等しいこと

$$u^2 = \frac{(n_1-1){u_1}^2 + (n_2-1){u_2}^2}{(n_1-1)+(n_2-1)}$$

統計量

$$T = \frac{|\bar{X}_1 - \bar{X}_2|}{\sqrt{u^2 \Big/ \left(\frac{1}{n_1}+\frac{1}{n_2}\right)}}$$

自由度　$f = (n_1-1)+(n_2-1) = n_1+n_2-2$

棄却限界値　$t(f, \alpha/2)$　ただし α は有意水準

注：Excel 関数で求められます

結論　統計量の場合、$T \geq t(f, \alpha/2)$ なら差があるといえる

p 値の場合、$P \leq \alpha$ なら差があるといえる

次に多重比較における母平均の差の検定（t 検定）の公式を示します。表 6.1 に示した公式とほとんど同じですが、有意水準の設定において違いがあります。

公式

表 6.2　多重比較における母平均の差の検定

集団No.	1	2	3
n	n_1	n_2	n_3
平均	$\bar{X}_1$	$\bar{X}_2$	$\bar{X}_3$
標準偏差	u_1	u_2	u_3

この公式の適用できる前提条件

- 各集団が正規分布に従っていること
- 母分散が等しいこと

$$u^2 = \frac{(n_1-1){u_1}^2 + (n_2-1){u_2}^2 + (n_3-1){u_3}^2}{(n_1-1)+(n_2-1)+(n_3-1)}$$

注：正規分布に従っていない、サンプルや実験回数が少なくて正規分布がわからない、母分散が等しくない場合は、ノンパラメトリック多重比較法を適用します。この書籍では割愛します

- 水準間の母平均に差があること（有意であること）

統計量

$$T = \frac{|\bar{X}_i - \bar{X}_j|}{\sqrt{V_e \Big/ \left(\dfrac{1}{n_i} + \dfrac{1}{n_j}\right)}}$$

$$V_e = \frac{(n_1-1){u_1}^2 + (n_2-1){u_2}^2 + (n_3-1){u_3}^2}{(n_1-1)+(n_2-1)+(n_3-1)}$$

注：V_e は一元配置法の V_E に一致する

棄却限界値

集団（水準）の数 → k

自由度 $f = (n_1-1)+(n_2-1)+\cdots+(n_k-1)$
$= n-k$

多重比較法における有意水準　$\alpha' = \dfrac{\alpha}{\left(\dfrac{k(k-1)}{2}\right)}$

t 分布の値　$t(n-k, \alpha'/2)$

注：Excel 関数で求められます

結論	統計量の場合、$T \geq t(n-k, \alpha'/2)$なら差があるといえる p 値の場合、$P \leq \alpha'$なら差があるといえる

6.5 多重比較法の公式に基づいて計算する

例題 6-1

次は、3 つのメーカーの洗濯機購入者に対し、使用後の満足度を 10 点満点で調査した結果です。このデータに多重比較法を適用し、メーカー相互の評価の差を調べなさい。

メーカー		
H メーカー	M メーカー	N メーカー
4	8	1
5	9	3
7	10	5
8		

解答

① 各メーカーのデータは、正規分布に従っているかを調べます。

参照 34 ページ

- 正規分布に従っている場合
  多重比較法が適用できます。
- 正規分布に従わないことがはっきりわかっている場合
  ここで学んだ多重比較法は適用できません。
  その場合は、ノンパラメトリックの多重比較検定を適用します。
- 正規分布に従っているかどうかあいまいな場合
  頑健性があると判断し、多重比較法を実行します。

このデータは、正規分布に従っていると仮定し、多重比較法が適用できます。

② 各集団の分散が等しいかどうかを調べます。

参照 36 ページのバートレットの検定（等分散性の検定）

- 分散が等しい場合

  バートレットの検定で判定マークが[ ]の場合、多重比較法が適用できます。

- 分散が等しくない場合

  バートレットの検定で判定マークが[**][*]の場合、多重比較法は適用できません。

  その場合は、ノンパラメトリック検定 → クラスカル・ウォリス検定 → ノンパラメトリック多重比較法という手順で検定を行い、その結果から水準間の相互を判断します。

  ※ クラスカル・ウォリス検定、ノンパラメトリック多重比較法の説明は割愛します

例題 6-1 のデータでバートレットの検定を行います。

表 6.3 バートレット検定

カテゴリー名	件数	分散
H メーカー	4	3.333
M メーカー	3	1.000
N メーカー	3	4.000

分布	χ^2分布
統計量	0.8046
自由度	2.0000
1% 点	9.2103
5% 点	5.9915
p 値	0.6688
判定	[ ]

判定マーク[ ]より 3 メーカーの分散は等しいことがわかりました。
よって、多重比較法が適用できます。

③ 各メーカーの平均値を算出し、3 メーカーの評価平均得点に差があるか、一元配置法で調べます。参照 43 ページ

表 6.4 平均値表

水準名	件数	合計	平均値
H メーカー	4	24	6
M メーカー	3	27	9
N メーカー	3	9	3

表 6.5 分散分析表

要因	偏差平方和	自由度	不偏分散	分散比	p 値	判定
全体（T）	74	9	8.22			
因子（A）	54	2	27.00	9.45	0.0103	[*]
誤差（E）	20	7	2.86			

- 差がある場合

  判定が [*] より、3 メーカーの評価平均点に差がある（有意である）といえます。よって、多重比較法が適用できます。

- 差がない場合

  判定が [ ] の場合、水準間で差がない（有意でない）ということなので、多重比較法は適用できません。

④ 多重比較法で検定します。

3 メーカーの平均得点に差が認められたので、どのメーカー間に差があるかを多重比較法で調べます。

多重比較法にはいろいろな解析手法がありますが、ここではボンフェローニの多重比較について説明します。

誤差（V_E）

分散分析表における誤差 (E) の不偏分散の値です。 → 2.86

統計量

$$T = \frac{|\bar{X}_i - \bar{X}_j|}{\sqrt{V_e \Big/ \left(\dfrac{1}{n_i} + \dfrac{1}{n_j}\right)}}$$ ただし、分子の｜ ｜は絶対値を示します。

H メーカーと M メーカー $$T = \frac{|6-9|}{\sqrt{2.86\left(\dfrac{1}{4}+\dfrac{1}{3}\right)}} = 2.3238$$

H メーカーと N メーカー $$T = \frac{|6-3|}{\sqrt{2.86\left(\dfrac{1}{4}+\dfrac{1}{3}\right)}} = 2.3238$$

Mメーカーと N メーカー

$$T = \frac{|9-3|}{\sqrt{2.86\left(\frac{1}{3}+\frac{1}{3}\right)}} = 4.3474$$

多重比較法の有意水準

$$\alpha' = \frac{\alpha}{\left(\frac{k(k-1)}{2}\right)} = \frac{0.05}{\left(\frac{3\times 2}{2}\right)} = 0.0167$$

注：αは通常の有意水準でα = 0.05 またはα = 0.01 を適用

自由度

$f = n - k = 10 - 3 = 7$

└→ k… 集団（水準）の数

棄却限界値

$t(n-k, \alpha'/2) = t(7, 0.0167)$を Excel 関数で求めます。

Excel 関数 = TINV (0.0167, 7)

↑有意水準α　↑自由度

= 3.1261

有意差判定

統計量Tと棄却限界値$t(n-k, \alpha'/2)$の値を比較し、有意差判定を行います。

統計量 T が棄却限界値より大きい →	有意である 差がある
統計量 T が棄却限界値より小さい →	有意でない 差があるといえない

H：M　T = 2.3238 < 3.1261　H と M は差があるといえない。

H：N　T = 2.3238 < 3.1261　H と N は差があるといえない。

M：N　T = 4.3474 > 3.1261　M と N は差があるといえる。

有意確率（*p* 値）

p 値から有意差判定を行うこともできます。

t 分布の T に対する p 値（下図の斜線部）を、Excel の関数を使って計算します。

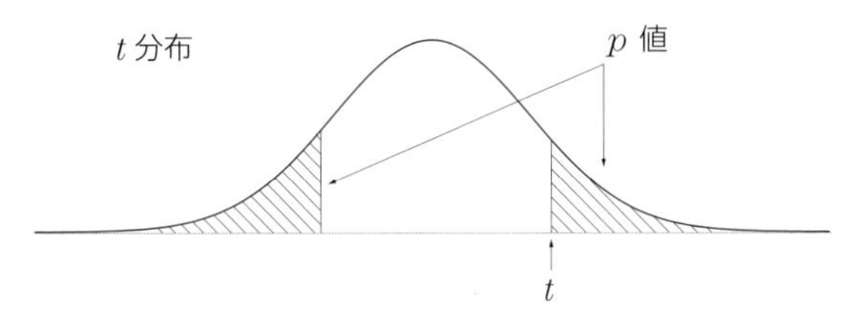

図 6.3　p 値

Excel 関数 = TDIST(T,　n − k,　2)

統計量 T　自由度　定数

- **仮説が「A は B より〜である」のような "大きさの違い" を調べる場合**
  定数は「1」で、$p/2$ を計算 →「片側検定」
- **仮説が「A と B には差がある」というような "差の違い" を調べる場合**
  定数は「2」で、p を計算 →「両側検定」

例題 6-1 は、差があるかを調べるので、定数は「2」を指定。

H：M = TDIST（2.3238, 7, 2）→ p = 0.0531
H：N = TDIST（2.3238, 7, 2）→ p = 0.0531
M：N = TDIST（4.3474, 7, 2）→ p = 0.0034

求められた p 値と棄却限界値 α' を比較し有意差判定を行います。

- 通常の有意水準 α を 0.05 とした場合

$$\alpha' = \frac{\alpha}{\left(\dfrac{k(k-1)}{2}\right)} = \frac{0.05}{\left(\dfrac{3 \times 2}{2}\right)} = 0.0167$$

- 通常の有意水準αを 0.01 とした場合

$$\alpha' = \frac{\alpha}{\left(\frac{k(k-1)}{2}\right)} = \frac{0.01}{\left(\frac{3 \times 2}{2}\right)} = 0.0033$$

$p \leqq 0.0033$［**］ → 有意差 1%（通常の範囲）で、母平均は差があると判断する

$0.0033 < p \leqq 0.0167$［*］ → 有意差 5%（通常の範囲）で、母平均は差があると判断する

$p > 0.0167$［ ］ → 有意差 5%（通常の範囲）で、母平均に差があるといえないと判断する

結論

H：M　p = 0.0531 >有意水準 0.0167［ ］より、
　　H と M とは有意でない（差があるといえない → 差がない）

H：N　p = 0.0531 >有意水準 0.0167［ ］より、
　　H と N とは有意でない（差があるといえない → 差がない）

M：N　p = 0.0034 <有意水準 0.0167［*］より、
　　M と N とは有意である（差があるといえる → 差がある）

6.6 Excel「多重比較法」プログラムを用いての演習 1

例題 6-2

次は、3 つのメーカーの洗濯機購入者に対し、使用後の満足度を 10 点満点で調査した結果です。このデータに多重比較法を適用し、メーカー相互の評価の差を調べなさい。

メーカー		
H メーカー	M メーカー	N メーカー
4	8	1
5	9	3
7	10	5
8		

※データは正規分布に従っているとします

① Excel の分析ツールに「多重比較法」の機能がないので、アイスタット社のホームページ（http://istat.co.jp/）よりダウンロードした「実験計画法ソフト」の多重比較法を適用します。

参照 実験計画法ソフトの起動方法は、277 ページ参照

② 例題のデータは次に示すどちらかで作成してください。

1．Excel のシートに直接入力する

2．アイスタット社のホームページ（http://istat.co.jp/）よりダウンロード「実験計画法ソフト演習データ .xlsx」

③ メニューバーの［アドイン］を選択し、メニューコマンド［多重比較法］を実行します。

表示されたダイアログボックスで図 6.4 のように入力し、［OK］をクリックします。

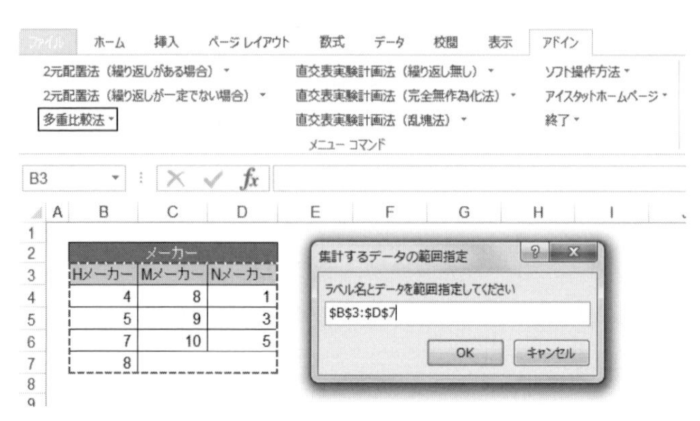

図 6.4　多重比較法

範囲指定

計算するデータを項目名も含めて範囲指定します。

一度に処理できる水準数 ……　2 ～ 10

各水準の個体数 ………………　2 ～ 5000

④ 図 6.5 のようなメッセージが表示されます。

表示の数値は、個体数の質問です。数に間違いがなければ、［はい］を選択します。

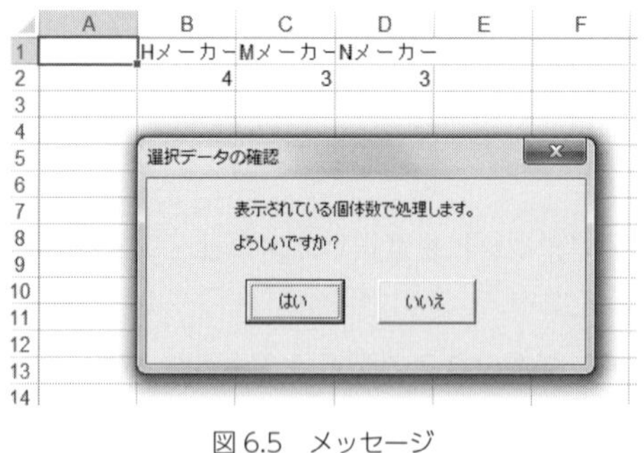

図 6.5　メッセージ

⑤ 結果が出力されます。

表 6.6　結果

分散分析表

要因	偏差平方和	自由度	不偏分散	分散比	p 値	判定
全体変動	74	9	8.222			
因子 (A)	54	2	27	9.45	0.0103	[*]
誤差変動	20	7	2.857			

平均値表

項目名	H メーカー	M メーカー	N メーカー
個体数	4	3	3
平均値	6	9	3

有意水準表

1%	0.0033
5%	0.0167

検定表

項目名	項目名	平均値差	統計量 T	p 値	判定
H メーカー	M メーカー	3	2.3238	0.0531	[ ]
H メーカー	N メーカー	3	2.3238	0.0531	[ ]
M メーカー	N メーカー	6	4.3474	0.0034	[*]

⑥ 結論を導きます。

H：M　p = 0.0531 ＞有意水準 0.0167 [ ] より、
H と M とは有意でない（差があるといえない → 差がない）

H：N　p = 0.0531 ＞有意水準 0.0167 [ ] より、
H と N とは有意でない（差があるといえない → 差がない）

M：N　p = 0.0034 ＜有意水準 0.0167 [*] より、
M と N とは有意である（差があるといえる → 差がある）

注：「実験計画法ソフト」の多重比較は、一元配置法のデータ形式のみ算出できます。二元配置法のデータ形式は、対応していません

6.7 二元配置法の多重比較

例題 6-3

次は、3つのメーカーの洗濯機購入者に対し、年代別に使用後の満足度を10点満点で調査した結果です。このデータに多重比較法を適用し、因子Aと因子Bそれぞれの相互の評価の差を調べなさい。

No.	メーカー	年代別	評価
1	1	1	10
2	1	2	8
3	1	3	6
4	1	1	7
5	2	2	6
6	2	3	4
7	2	1	5
8	2	2	4
9	3	3	4
10	3	1	8
11	3	2	2
12	3	3	2

No.	メーカー	年代別	評価
13	1	1	8
14	1	2	6
15	1	3	4
16	1	1	5
17	2	2	4
18	2	3	2
19	2	1	4
20	2	2	3
21	3	3	3
22	3	1	7
23	3	2	1
24	3	3	1

メーカー：1. Hメーカー 2. Mメーカー 3. Nメーカー

年代別：1. 20代 2. 30代 3. 40代

① メーカー、年代別の母平均がすべて等しいかどうか、二元配置法（繰り返しがある場合）を適用し、明らかにします。

② メーカーを因子A、年代を因子Bとし、各条件のn数、合計、平均値を求めます。

表6.7 n数・合計・平均

n数

	20代	30代	40代	計
Hメーカー	4	2	2	8
Mメーカー	2	4	2	8
Nメーカー	2	2	4	8
計	8	8	8	24

合計

	20代	30代	40代	計
Hメーカー	30	14	10	54
Mメーカー	9	17	6	32
Nメーカー	15	3	10	28
計	54	34	26	114

平均

	20代	30代	40代	平均
Hメーカー	7.50	7.00	5.00	6.75
Mメーカー	4.50	4.25	3.00	4.00
Nメーカー	7.50	1.50	2.50	3.50
平均	6.75	4.25	3.25	4.75

平均＝合計÷n数

③ 分散分析表を作成します。

表 6.8 分散分析表

要因	自由度	偏差平方和	不偏分散	分散比	p 値	判定
全体	23	134.5				
A（メーカー）	2	49	24.500	12.149	0.001	[**]
B（年代別）	2	52	26.000	12.893	0.001	[**]
$A \times B$	4	3.25	0.813	0.403	0.804	[ ]
誤差	15	30.25	2.017			

因子 A は、$p = 0.001 < 0.05$ [**] より有意である

因子 B は、$p = 0.001 < 0.05$ [**] より有意である

これより、メーカー、年代別に差があると明らかになったので、多重比較法を適用し、因子 A と因子 B それぞれの相互の評価の差を判断します。

④ 多重比較法の結果を出力します（母平均の差の検定方法は、割愛します）。

表 6.9 母平均の差の検定

メーカー

					ボンフェローニ 1% 点	5% 点
					3.484	2.694
カテゴリー 1	カテゴリー 2	平均 1	平均 2	差	統計量 t	判定
H メーカー	M メーカー	6.75	4.00	2.75	3.873	[**]
H メーカー	N メーカー	6.75	3.50	3.25	4.577	[**]
M メーカー	N メーカー	4.00	3.50	0.50	0.704	[ ]

年代

					1% 点	5% 点
					3.484	2.694
カテゴリー 1	カテゴリー 2	平均 1	平均 2	差	統計量 t	判定
20 代	30 代	6.75	4.25	2.50	3.521	[**]
20 代	40 代	6.75	3.25	3.50	4.929	[**]
30 代	40 代	4.25	3.25	1.00	1.408	[ ]

⑤ 結論を導きます。

判定マークより、

- メーカーでは、「H メーカーと M メーカー」「H メーカーと N メーカー」に差があり、「M メーカーと N メーカー」では差は見られない
- 年代では、「20 代と 30 代」「20 代と 40 代」に差があり、「30 代と 40 代」では差は見られない

多重比較法は、いろいろな手法の検定があります。
手法によって、有意水準の取り方、比較方法が異なります。

最も一般的な多重比較法	ボンフェローニ
すべての群相互を比較する多重比較法	シェッフェ　有意差が出にくい チューキー　↓ ダンカン　有意差が出やすい
毒性試験などに用いる多重比較法	シェッフェの群集合比較
薬剤を与えていない「対照群」との比較をする多重比較法	ダネット

図 6.6　多重比較法の手法

例題 6-3 は、一般的な多重比較法のボンフェローニの検定で解析しました。

第7章

直交表実験計画法

7.1 直交表実験計画法によって明らかにできること

先に学習した一元配置法は1因子、二元配置法は2因子について、「因子が目的となる事柄(特性値)に影響を及ぼしているか否か」を分析する手法でした。テーマによっては3因子以上を取り扱って分析しなければならない場合があります。ここで学ぶ直交表実験計画法は、3つ以上の因子を分析する手法です。

因子の数が多くなっていくと、組み合わせ数が増大します。

例えば、2水準の因子が4つある場合、そのときの組み合わせ数は、

2 × 2 × 2 × 2 = 16 通りになります。具体的な例を示します。

表7.1　2水準の因子が4つある場合

因子1	機械タイプ	→	1. Pタイプ	2. Qタイプ
因子2	機械使用年数	→	1. 2年未満	2. 2年以上
因子3	工員入社歴	→	1. 3年未満	2. 3年以上
因子4	工員性別	→	1. 男性	2. 女性

➡ 特性値：部品出来高数

因子1 機械タイプ	因子2 機械使用年数	因子3 工員入社歴	因子4 工員性別	No.
1. Pタイプ	1. 2年未満	1. 3年未満	1. 男性	1
			2. 女性	2
		2. 3年以上	1. 男性	3
			2. 女性	4
	2. 2年以上	1. 3年未満	1. 男性	5
			2. 女性	6
		2. 3年以上	1. 男性	7
			2. 女性	8
2. Qタイプ	1. 2年未満	1. 3年未満	1. 男性	9
			2. 女性	10
		2. 3年以上	1. 男性	11
			2. 女性	12
	2. 2年以上	1. 3年未満	1. 男性	13
			2. 女性	14
		2. 3年以上	1. 男性	15
			2. 女性	16

図7.1　すべての組み合わせ

実験計画法では、組み合わせの数を実験回数といいます。

上記の例では、「どの因子が影響を及ぼしているか」を明らかにするのに、

16回の実験を行うこととなります。そして、No.1 ～ No.16は、少なくとも1サンプル以上のデータを収集しなければなりません。そうなると、16通り、すべての組み合わせについて実験を行い、データを収集するのは、手間がかかり、スケジュールの確保やコストの面でも難しくなります。

このようなとき、実験回数を減らし、一部の組み合わせの実験を行うだけで、分析する方法があります。その方法は、**直交表**という表を使うことです。

直交表は統計学が理論に基づき作成した表です。

表7.2に直交表を使うと、下記の○印の付いた組み合わせのデータを収集するだけで、分析ができます。

表7.2　直交表によって選択された組み合わせ

No.						
No.1	1. Pタイプ	1. 2年未満	1. 3年未満	1. 男性	…	○
No.2	1. Pタイプ	1. 2年未満	1. 3年未満	2. 女性	…	×
No.3	1. Pタイプ	1. 2年未満	2. 3年以上	1. 男性	…	×
No.4	1. Pタイプ	1. 2年未満	2. 3年以上	2. 女性	…	○
No.5	1. Pタイプ	2. 2年以上	1. 3年未満	1. 男性	…	×
No.6	1. Pタイプ	2. 2年以上	1. 3年未満	2. 女性	…	○
No.7	1. Pタイプ	2. 2年以上	2. 3年以上	1. 男性	…	○
No.8	1. Pタイプ	2. 2年以上	2. 3年以上	2. 女性	…	×
No.9	2. Qタイプ	1. 2年未満	1. 3年未満	1. 男性	…	×
No.10	2. Qタイプ	1. 2年未満	1. 3年未満	2. 女性	…	○
No.11	2. Qタイプ	1. 2年未満	2. 3年以上	1. 男性	…	○
No.12	2. Qタイプ	1. 2年未満	2. 3年以上	2. 女性	…	×
No.13	2. Qタイプ	2. 2年以上	1. 3年未満	1. 男性	…	○
No.14	2. Qタイプ	2. 2年以上	1. 3年未満	2. 女性	…	×
No.15	2. Qタイプ	2. 2年以上	2. 3年以上	1. 男性	…	×
No.16	2. Qタイプ	2. 2年以上	2. 3年以上	2. 女性	…	○

※水準が「1」のものに彩色

具体例から、2水準の因子が4つの場合、直交表を用いると、組み合わせは半分の8回ですみます。ただし、この方法を用いるときは、統計学のルールに従って実行しないと、必要なデータが揃わず、分析に持ち込めない場合がありますので注意が必要です。

代表的なルールは、

- **因子の水準数がすべて同じであること**
- **因子の水準数は「2」あるいは「3」であること**

です。

水準が4以上も可能ですが、本書では割愛します。

なお、直交表によって実験を行い、収集されたデータは、やはり直交表によって整理・分析を行います。分析は、分散分析法を適用します。

このように、直交表によって収集したデータを分散分析法によって解析する手法を、**直交表実験計画法**といいます。

直交表実験計画法を適用した分析と図7.1のすべての組み合わせ数で行った分析は同じ結果になることを想定して設計されています。

因子の水準数が「2」の直交表を「**2水準型**」、「3」の直交表を「**3水準型**」といいます。「2水準型」と「3水準型」では実験方法及び分析方法が異なりますので、それぞれの直交表実験計画法を学ぶことになります。

本書では、2水準型の直交表実験計画法を中心に解説します。

なお、直交表実験計画法によって明らかにできることは、「2水準型」「3水準型」のどちらを適用しても、二元配置法と同様です。

※直交表によって選択された組み合わせは、目的となる事柄（特性値）に影響を及ぼしているか否か（因子の効果）及び交互作用を明らかにする

7.2 ◆直交表実験計画法の手順

直交表による実験の手順は、下記の通りです。

初めて直交表実験計画法にたずさわる方は、下記内容は未知かと思われます。その場合、ここでは、これから説明する手順の目次と解釈してください。

① 直交表の型を選びます。
- 因子の数は、いくつか？
- 因子の水準数は、「2」なのか「3」なのか？

② 選んだ直交表に因子を割り付け、実験の組み合わせを計画します。
- 交互作用がある場合とない場合で、データ収集の方法が異なるため、交互作用の有無を事前に検討してから計画を立てる

※二元配置法の交互作用と解析手順が異なります

③ 直交表で計画した組み合わせで実験を行い、データを収集します。

④ 収集した実験データをまた直交表に割り付け、データを整理します。
- 収集したデータ形式が「繰り返しがある」「繰り返しがない」で整理の仕方が異なる

⑤ 分散分析表を作成します。
- 公式に基づいて計算または Excel アドインソフトを使用

⑥ 分散比による F 検定で因子効果、交互作用の有意差判定を行います。
※交互作用が有意でない場合、プーリングを行い、再度、分散比による F 検定で因子効果を判定します

割り付け　………　文章や図版を配置することですが、直交表の割り付けは、直交表に水準を配置することです

7.3 直交表とは何か

直交表は、「実験回数を減らすための表」と先に述べました。さらに詳しく、どのような表なのか見ていきましょう。

2つの変数（項目）の積和が0になるとき、統計学では**直交する**といいます。

「図7.2 直交表によって選択された組み合わせ」において、水準のNo「2」を「－1」に置換し、a、b、c、dと付け、任意の2つの列の積和を求めてみます。

No.						
No.1	1. Pタイプ	1. 2年未満	1. 3年未満	1. 男性	…	○
No.4	1. Pタイプ	1. 2年未満	2. 3年以上	2. 女性	…	○
No.6	1. Pタイプ	2. 2年以上	1. 3年未満	2. 女性	…	○
No.7	1. Pタイプ	2. 2年以上	2. 3年以上	1. 男性	…	○
No.10	2. Qタイプ	1. 2年未満	1. 3年未満	2. 女性	…	○
No.11	2. Qタイプ	1. 2年未満	2. 3年以上	1. 男性	…	○
No.13	2. Qタイプ	2. 2年以上	1. 3年未満	1. 男性	…	○
No.16	2. Qタイプ	2. 2年以上	2. 3年以上	2. 女性	…	○

No.	水準	置換 a	水準	置換 b	水準	置換 c	水準	置換 d
No.1	1	1	1	1	1	1	1	1
No.4	1	1	1	1	2	−1	2	−1
No.6	1	1	2	−1	1	1	2	−1
No.7	1	1	2	−1	2	−1	1	1
No.10	2	−1	1	1	1	1	2	−1
No.11	2	−1	1	1	2	−1	1	1
No.13	2	−1	2	−1	1	1	1	1
No.16	2	−1	2	−1	2	−1	2	−1

図7.2 直交表によって選択された組み合わせ

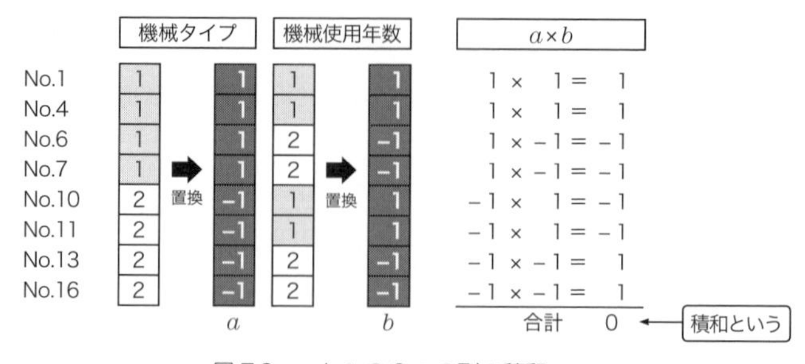

図7.3 aとbの2つの列の積和

図7.3では、a列とb列の積和を求めましたが、他の2列について積和を求めてみますと、どの2列をとっても積和は「0」になります。

列相互すべてにおいて積和が0になる表のことを直交表といいます。

「直交表」にはいくつかの種類がありますが、表7.3は、よく使用される直交表の1つです。

図7.2における8回の組み合わせは、この「直交表」を用いて決めました。

表7.3　$L_8(2^7)$型…2水準の因子が4つの場合

行＼列	因子1 機械タイプ a	因子2 機械使用年数 b	因子3 工員入社歴 c	因子4 工員性別 d
No.1	1	1	1	1
No.4	1	1	−1	−1
No.6	1	−1	1	−1
No.7	1	−1	−1	1
No.10	−1	1	1	−1
No.11	−1	1	−1	1
No.13	−1	−1	1	1
No.16	−1	−1	−1	−1

→ かけ算

a、b、cはデータをコピー、その他はかけ算
列の7個は直交表のルールで決められています

1	2	3	4	5	6	7
a	b	$a \times b$	c	$a \times c$	$b \times c$	abc
1	1	1	1	1	1	1
1	1	1	−1	−1	−1	−1
1	−1	−1	1	1	−1	−1
1	−1	−1	−1	−1	1	1
−1	1	−1	1	−1	1	−1
−1	1	−1	−1	1	−1	1
−1	−1	1	1	−1	−1	1
−1	−1	1	−1	1	1	−1

↓ 「−1」を「2」に置換

直交表 $L_8(2^7)$

行No.＼列No.	1	2	3	4	5	6	7
実験組み合わせ番号 1	1	1	1	1	1	1	1
2	1	1	1	2	2	2	2
3	1	2	2	1	1	2	2
4	1	2	2	2	2	1	1
5	2	1	2	1	2	1	2
6	2	1	2	2	1	2	1
7	2	2	1	1	2	2	1
8	2	2	1	2	1	1	2
成分	a	b	ab	c	ac	bc	abc

「直交表」は上図からおわかりのように、表内は水準No.の1と2から成り立っています。

注：3水準の場合は1と2と3から成り立っています

◆ 直交表の特色

「直交表」の特色を調べるために、直交表内の水準「2」を「−1」に置き換えた表を作成します。

特色1

直交表における列の平均はすべて「0」になります。

表7.4　直交表の列平均はすべて0

行No＼列No.	1	2	3	4	5	6	7
1	1	1	1	1	1	1	1
2	1	1	1	−1	−1	−1	−1
3	1	−1	−1	1	1	−1	−1
4	1	−1	−1	−1	−1	1	1
5	−1	1	−1	1	−1	1	−1
6	−1	1	−1	−1	1	−1	1
7	−1	−1	1	1	−1	−1	1
8	−1	−1	1	−1	1	1	−1
平均	0	0	0	0	0	0	0

特色2

列1と列2、列1と列3、・・・、列6と列7、すべての組み合わせについて、かけ算をした表を作成します。

どの表においても積和は「0」になります。

表7.5　列相互をかけ算した値の平均も0

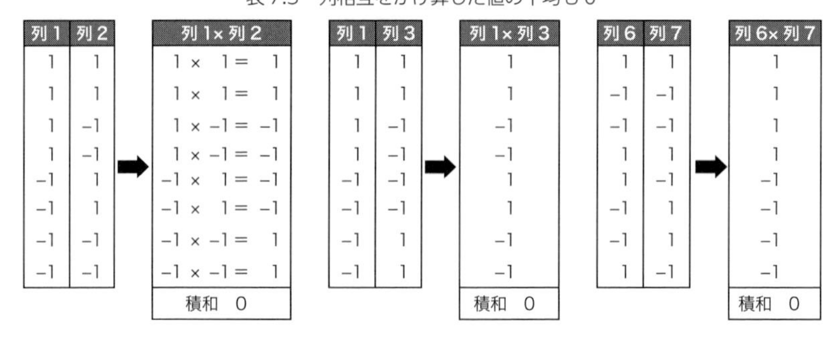

列1	列2	列1×列2
1	1	1 × 1 = 1
1	1	1 × 1 = 1
1	−1	1 × −1 = −1
1	−1	1 × −1 = −1
−1	1	−1 × 1 = −1
−1	1	−1 × 1 = −1
−1	−1	−1 × −1 = 1
−1	−1	−1 × −1 = 1
		積和　0

列1	列3	列1×列3
1	1	1
1	1	1
1	−1	−1
1	−1	−1
−1	−1	1
−1	−1	1
−1	1	−1
−1	1	−1
		積和　0

列6	列7	列6×列7
1	1	1
−1	−1	1
−1	−1	1
1	1	1
1	−1	−1
−1	1	−1
−1	1	−1
1	−1	−1
		積和　0

特色3

列1と列2、列1と列3、列1と列4、・・・、列6と列7、すべての組み合わせについて、相関係数を算出します。

どの相関係数も「0」になります。

表 7.6　列相互の相関は 0

行No＼列No.	1	2	3	4	5	6	7
1	1	0	0	0	0	0	0
2	0	1	0	0	0	0	0
3	0	0	1	0	0	0	0
4	0	0	0	1	0	0	0
5	0	0	0	0	1	0	0
6	0	0	0	0	0	1	0
7	0	0	0	0	0	0	1

相関係数　………　相関の強さを表現する指標で、−1 〜 1 の間の値
データ同士にまったく相関がないと 0、強い相関があると
−1 または 1 に近づく

特色 4

ある 2 列を抜き出したときの数値の組み合わせが、どの列を抜き出しても同じ回数となります。

表 7.7　列相互の数値の組み合わせが均衡

行No＼列No.	1	2	3	4	5	6	7
1	1	1	1	1	1	1	1
2	1	1	1	−1	−1	−1	−1
3	1	−1	−1	1	1	−1	−1
4	1	−1	−1	−1	−1	1	1
5	−1	1	−1	1	−1	1	−1
6	−1	1	−1	−1	1	−1	1
7	−1	−1	1	1	−1	−1	1
8	−1	−1	1	−1	1	1	−1

列 1 と列 2 を抜き出す
(1、1)　→ 2 回
(1、−1)　→ 2 回
(−1、1)　→ 2 回
(−1、−1) → 2 回

列 5 と列 6 を抜き出す
(1、1)　→ 2 回
(1、−1)　→ 2 回
(−1、1)　→ 2 回
(−1、−1) → 2 回

◆　直交表の種類と名称

「直交表」は、実験の割り付けを示した表で、因子の数や実験回数によって、表の大きさがいろいろあります。最初に紹介した表 7.3 は L_8 (2^7) 型といいます。この他に、$L_{16}(2^{15})$ 型、$L_{32}(2^{31})$ 型などがあります。これを識別するために、直交表には次のルールに従って名前が付けられています。

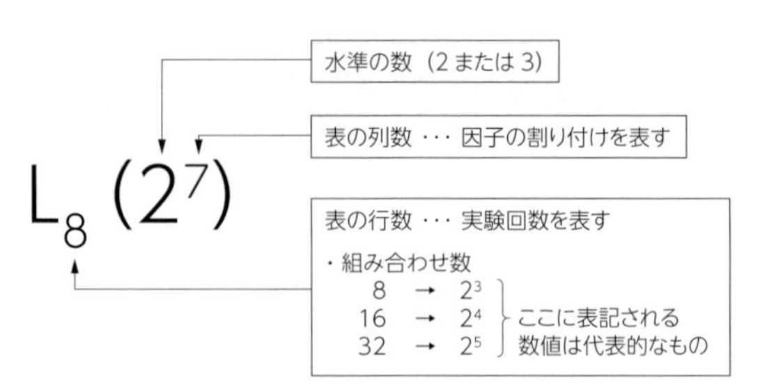

図 7.4　$L_8(2^7)$ 型の見方

表 7.8　$L_8(2^7)$ 型の直交表

行 No. ＼ 列 No.		因子						
		1	2	3	4	5	6	7
実験回数	1	1	1	1	1	1	1	1
	2	1	1	1	2	2	2	2
	3	1	2	2	1	1	2	2
	4	1	2	2	2	2	1	1
	5	2	1	2	1	2	1	2
	6	2	1	2	2	1	2	1
	7	2	2	1	1	2	2	1
	8	2	2	1	2	1	1	2
成分		a	b	ab	c	ac	bc	abc

因子数は「7」、水準数は「2」、実験回数は「8」

直交表には、実験を行う際、各因子のどの水準を組み合わせて、実験を設定すればよいかが示されています。それに従って実験を行えば、必ずしもすべての条件の組み合わせの実験を行わなくても、得られたデータから各因子の解析を行うことができます。

注：実験回数を減らす手段には、ラテン方格と直交表があります。直交表は、ラテン方格の原理を発展させたものです

L は古典的な実験計画法で使われたラテン方格（Latin Square）の L で、直交表の原理がラテン方格法を発展させたことから使われています

◆ 成分

直交表には「成分」欄があり、a、b、ab などアルファベットの文字が表記されています。

「成分」の使い方は後に学びますが、どのようなルールで付けられているかを説明します。

アルファベットの文字数

$L_8(2^7)$ の場合 ……………8 は 2^3 → (2×2×2) によって決まりますので、アルファベットは 3 文字で a、b、c を用います

$L_{16}(2^{15})$ の場合 …………16 は 2^4 → (2×2×2×2) より、アルファベットは 4 文字で a、b、c、d となります

$L_{32}(2^{31})$ の場合 …………32 は 2^5 → (2×2×2×2×2) より、アルファベットは 5 文字で a、b、c、d、e となります

a、b、c・・・の位置

成分欄における、a、b、c・・・の位置は次式によって定められます。

a の指定席は　$2^0 = 1$ 列目

b の指定席は　$2^1 = 2$ 列目

c の指定席は　$2^2 = 4$ 列目

d の指定席は　$2^3 = 8$ 列目

e の指定席は　$2^4 = 16$ 列目

表 7.9　$L_8(2^7)$ の場合

列 No.	1	2	3	4	5	6	7
成分	a	b		c			

表 7.10　$L_{16}(2^{15})$ の場合

列 No.	1	2	3	4	5	6	7	8	9	10	11	12	13	14	15
成分	a	b		c				d							

表 7.11　$L_{32}(2^{31})$ の場合

列 No.	1	2	3	4	5	6	7	8	9	10	11	12	13	14	15	16	…	31
成分	a	b		c				d								e		

ab、ac・・・などの位置

$L_8(2^7)$ 型における ab、ac、bc、abc は次のルールによって位置が決まります。

ab → a の列 No. + b の列 No. = 1 + 2 → 3 列目
ac → a の列 No. + c の列 No. = 1 + 4 → 5 列目
bc → b の列 No. + c の列 No. = 2 + 4 → 6 列目
abc → a の列 No. + b の列 No. + c の列 No. = 1 + 2 + 4 → 7 列目

表 7.12 $L_8(2^7)$ 型の場合

列 No.	1	2	3	4	5	6	7
成分	a	b	ab	c	ac	bc	abc

例題 7-1

$L_{16}(2^{15})$ 型で cd 及び $abcd$ の位置を調べなさい。

解答

cd = 4 + 8 = 12 列目　$abcd$ = 1 + 2 + 4 + 8 = 15 列目

表 7.13 $L_{16}(2^{15})$ 型の成分の位置

列 No.	1	2	3	4	5	6	7	8	9	10	11	12	13	14	15
成分	a	b	ab	c	ac	bc	abc	d	ad	bd	abd	cd	acd	bcd	$abcd$

7.4 ◆ 直交表の使い方

図 7.2 は本来 16 の組み合わせで実験しなければいけないものを、8 つの組み合わせで実験すればよいことを示したものです。直交表をどのように使って、8 つの組み合わせを選択したか考えてみましょう。

◆ どの直交表を使うか

因子の水準が2つで、因子数が6つ以下なら$L_8(2^7)$、7～14なら$L_{16}(2^{15})$、15～30なら$L_{32}(2^{31})$の直交表を適用します。すなわち、因子の数を直交表の列数と比較することによって、どの直交表を選択するかを決めることができます。

ただし、交互作用を考慮する場合、交互作用の数も因子の数とみなして、このルールを適用することになります。交互作用を考慮した場合の活用方法は145ページで詳しく述べます。図7.2は4因子なので、$L_8(2^7)$を適用します。

表7.14　水準数が2の場合の直交表型

因子数	直交表
6以下	$L_8(2^7)$
7～14	$L_{16}(2^{15})$
15～30	$L_{32}(2^{31})$

因子の水準が3の場合は、下記の通りとなります。

交互作用を考慮する場合、交互作用の数も因子の数とみなします。

表7.15　水準数が3の場合の直交表型

因子数	直交表
3以下	$L_9(3^4)$
4以上	$L_{27}(3^{13})$

◆ どの組み合わせで実験すればよいか（実験の割り付け）

適用する直交表が決まったら、その直交表の列に因子を割り付けます。

一般的な割り付け手順を具体例で示します。

① 適用する因子をアルファベットの大文字A、B、C、Dで表します。

A ……………………… 機械タイプ

B ……………………… 機械使用年数

C ……………………… 工員入社歴

D ……………………… 工員性別

② 名称化された因子A、B、Cを成分a、b、cの列へ割り付けます。

成分dは存在しませんので、因子Dはa列、b列、c列以外の任意の列へ割り付けます。この例では「D 工員性別」を7列目の abc へ割り付けます。

表 7.16 因子の割り付け

行No ＼ 列No.	1	2	3	4	5	6	7
1	1	1	1	1	1	1	1
2	1	1	1	2	2	2	2
3	1	2	2	1	1	2	2
4	1	2	2	2	2	1	1
5	2	1	2	1	2	1	2
6	2	1	2	2	1	2	1
7	2	2	1	1	2	2	1
8	2	2	1	2	1	1	2
成分	a	b	ab	c	ac	bc	abc
	A 機械タイプ	B 機械使用年数		C 工員入社歴			D 工員性別

③ 表 7.16 の「$A \sim D$」の列を抜き出し、選ばれた4つの列のデータ「1」「2」を水準名に変更します。

表 7.17 実験を行う組み合わせ

行No ＼ 列No.	1	2	4	7
1	1	1	1	1
2	1	1	2	2
3	1	2	1	2
4	1	2	2	1
5	2	1	1	2
6	2	1	2	1
7	2	2	1	1
8	2	2	2	2
成分	a	b	c	abc
	A 機械タイプ	B 機械使用年数	C 工員入社歴	D 工員性別

➡

行No ＼ 列No.	1	2	4	7
1	Pタイプ	2年未満	3年未満	男性
2	Pタイプ	2年未満	3年以上	女性
3	Pタイプ	2年以上	3年未満	女性
4	Pタイプ	2年以上	3年以上	男性
5	Qタイプ	2年未満	3年未満	女性
6	Qタイプ	2年未満	3年以上	男性
7	Qタイプ	2年以上	3年未満	男性
8	Qタイプ	2年以上	3年以上	女性
成分	a	b	c	abc
	A 機械タイプ	B 機械使用年数	C 工員入社歴	D 工員性別

④ 組み合わせ No.1 の実験は、機械は「使用年数2年未満のPタイプ」、対象の工員は「入社歴3年未満の男性」で行います。
同様の考え方で組み合わせ No.2 ～ No.8 までの実験条件を調べます。

7.5 直交表実験計画法におけるデータ形式

直交表の各組み合わせについて、実験を行い、データを収集します。
データの収集方法は繰り返しの「ある場合」「ない場合」の２つがあります。

1. 繰り返しのない場合

１つの組み合わせに１つのデータを収集します。

表 7.18　各組み合わせにおけるデータ：１つの組み合わせで１データ

	No.	1	2	4	7	データ(特性値)
組み合わせNo.	1	Pタイプ	2年未満	3年未満	男性	3
	2	Pタイプ	2年未満	3年以上	女性	4
	3	Pタイプ	2年以上	3年未満	女性	5
	4	Pタイプ	2年以上	3年以上	男性	5
	5	Qタイプ	2年未満	3年未満	女性	8
	6	Qタイプ	2年未満	3年以上	男性	9
	7	Qタイプ	2年以上	3年未満	男性	10
	8	Qタイプ	2年以上	3年以上	女性	10

2. 繰り返しのある場合

１つの組み合わせに２つ以上のデータを収集します。
繰り返し数は同じでなければなりません。

表 7.19　各組み合わせにおけるデータ：１つの組み合わせに複数データ

	No.	1	2	4	7	データ(特性値)		
組み合わせNo.	1	Pタイプ	2年未満	3年未満	男性	3	4	4
	2	Pタイプ	2年未満	3年以上	女性	4	3	2
	3	Pタイプ	2年以上	3年未満	女性	5	5	5
	4	Pタイプ	2年以上	3年以上	男性	5	6	5
	5	Qタイプ	2年未満	3年未満	女性	8	5	7
	6	Qタイプ	2年未満	3年以上	男性	9	8	9
	7	Qタイプ	2年以上	3年未満	男性	10	10	9
	8	Qタイプ	2年以上	3年以上	女性	10	9	10

繰り返しのある場合のデータ収集方法には「完全無作為化法」と「乱塊法」の２つがあります。

表 7.20　完全無作為化法

組み合わせ No.	データ（特性値）		
1	3	4	4
2	4	3	2
3	5	5	5
4	5	6	5
5	8	5	7
6	9	8	9
7	10	10	9
8	10	9	10

評価者は異なる
したがって 8×3 = 24 人をランダムに選び、実験を行う

表 7.21　乱塊法

組み合わせ No.	データ（特性値）		
1	3	4	4
2	4	3	2
3	5	5	5
4	5	6	5
5	8	5	7
6	9	8	9
7	10	10	9
8	10	9	10
	↑ 甲	↑ 乙	↑ 丙

３人を選び、各人が８回の実験を行う。人の違いを因子と考えるため、人の違いによる差も検出される

乱塊法

１日に数回しか実験ができないとき、日により天候や時間帯、機材、人などで実験結果が異なる場合があります。

この実験環境による誤差を小さくするために、実験の全体をいくつかのできるだけ均一なブロックに分け、各ブロック内での実験順序を無作為化して行うことを乱塊法といいます。

分析は、実験日や機材など実験環境を１つの因子として取り入れ（因子 R と設定）、行います。

因子 R のことをブロック因子といいます。

7.6 繰り返しのない場合の直交表実験計画法

直交表によって収集されたデータは、また、直交表を用いて整理し、分析を行います。分析は因子が３つ以上ありますので、分散分析法を適用します。

分散分析表の作成方法を具体例で説明します。

表 7.22 のデータは、$L_8(2^7)$ 型の直交表によって収集したデータです。1 つの組み合わせに 1 つのデータしかないので、繰り返しのない場合となります。

表 7.22 部品出来高数のデータ

行No.＼列No.	1	2	3	4	5	6	7	データ
1	1	1	1	1	1	1	1	3
2	1	1	1	2	2	2	2	4
3	1	2	2	1	1	2	2	5
4	1	2	2	2	2	1	1	5
5	2	1	2	1	2	1	2	8
6	2	1	2	2	1	2	1	9
7	2	2	1	1	2	2	1	10
8	2	2	1	2	1	1	2	10
成分	a	b	ab	c	ac	bc	abc	
	A 機械タイプ	B 機械使用年数	e	C 工員入社歴	e	e	D 工員性別	

※上表に示すように、割り付けが行われていない列を、e と名称化します

Excel アドインソフト「直交表実験計画法（繰り返し無し）」を使って分散分析表を作成する場合は、次に示す①～④の過程をとばし、⑤の分散分析表をご覧ください。

① 全体変動を求めます。

データの平均と変動を求めます。
偏差平方和は 55.5 で、この値を S_T で表し、全体変動と呼びます。

表 7.23 部品出来高数のデータ

	1. 部品出来高数	2. (1) - 平均	$(2)^2$
	3	−3.75	14.0625
	4	−2.75	7.5625
	5	−1.75	3.0625
	5	−1.75	3.0625
	8	1.25	1.5625
	9	2.25	5.0625
	10	3.25	10.5625
	10	3.25	10.5625
合計	54	0.00	S_T=55.5
平均	6.75		

※本書の解析結果の数値は、Excel で計算した表示です
見た目の表示は、四捨五入された値ですが、計算過程では四捨五入されないまま算出しています。よって、本書の数値表示をもとに手計算で四則演算した場合、若干、小数点や下桁の値に誤差が生じる場合があります

② 各列の変動を求めます。

各列の水準別の合計や変動を求めるために、直交表の各列に、データを水準別に配置（割り付け）します。

表 7.24 データを水準別に分類する

列	1		2		3		…
割り付け	A		B		e		…
水準	1	2	1	2	1	2	…
データ	3	8	3	5	3	5	…
	4	9	4	5	4	5	…
	5	10	8	10	10	8	…
	5	10	9	10	10	9	…

行	2列	データ
1	1	3
2	1	4
3	2	5
4	2	5
5	1	8
6	1	9
7	2	10
8	2	10
成分	b	

データの割り付けに、直交表を再び活用します（例）行 No.1 の 2 列の水準が「1」なので、そのデータ「3」を表 7.24 の割り付け「B」、水準「1」のところに配置

すべての列についてデータを配置し、次の統計量を求めます。

1. **合計**
2. **水準和**…………………………… 各割り付けの水準の合計 (1) の和
3. **水準差**…………………………… 各割り付けの水準の合計 (1) の差
4. **(3) の平方**
5. **変動**……………………………… 水準差の平方 (4) を実験回数（組み合わせ数）で割った値

***j* 番目の列の変動**

$$S_j = \frac{(j_1\text{水準の合計} - j_2\text{水準の合計})^2}{\text{データの個数}}$$

これらの値を求めて、まとめたものが表 7.25 です。

表 7.25 $L_8(2^7)$ 型の行数

列	1		2		3		4		5		6		7	
割り付け	A		B		e		C		e		e		D	
水準	1	2	1	2	1	2	1	2	1	2	1	2	1	2
データ［部品出来高数］	3	8	3	5	3	5	3	4	3	4	3	4	3	4
	4	9	4	5	4	5	5	5	5	5	5	5	5	5
	5	10	8	10	10	8	8	9	9	8	8	9	9	8
	5	10	9	10	10	9	10	10	10	10	10	10	10	10
1．合計	17	37	24	30	27	27	26	28	27	27	26	28	27	27
2．水準和	54		54		54		54		54		54		54	
3．水準差	−20		−6		0		−2		0		−2		0	
4．$(3)^2$	400		36		0		4		0		4		0	
5．変動 (4)/8	50		4.5		0		0.5		0		0.5		0	
	S_A		S_B		S_e		S_C		S_e		S_e		S_D	

27＋27
27−27
0÷8
$L_8(2^7)$ 型の行数

変動 (5) の横計 = 50 + 4.5 + 0 + 0.5 + 0 + 0.5 + 0 = 55.5

この結果と表 7.23 の全体変動（S_T）との間には、次の式が成り立ちます。

$$S_T = S_A + S_B + S_e + S_C + S_e + S_e + S_D$$

したがって、S_Tの値と (5) の横計が一致していれば、計算ミスがないことが確認できます。

③ 誤差変動を求めます。

表 7.25 の「5. 変動」の列で、3 つあるS_eを合計すると 0.5 になります。
この値を誤差変動といい、S_eで表します。

S_e = 0 + 0 + 0.5 = 0.5
（0：列 3、0：列 5、0.5：列 6）

④ 自由度を求めます。

データ全体の自由度をf_T、各因子の自由度をf_A、f_B、f_C、f_D、誤差変動の自由度をf_eで表します。

f_Tは、繰り返し数から 1 を引いた値で、8 − 1 = 7 となります。

f_A、f_B、f_C、f_Dは、水準数から 1 引いた値で、2 − 1 = 1 となります。

f_eは、S_eの個数で 3 となります。

$f_T = f_A + f_B + f_C + f_D + f_e$が成立します。

$$\begin{array}{cccccc} f_T & f_A & f_B & f_C & f_D & f_e \\ \uparrow & \uparrow & \uparrow & \uparrow & \uparrow & \uparrow \\ 7 & 1 & 1 & 1 & 1 & 3 \end{array}$$

⑤ 分散分析表を作成します。

表 7.26 分散分析表

要因	偏差平方和	自由度	不偏分散	分散比	p 値	判定
全体	$S_T = 55.5$	$f_T = 7$	$V_T = S_T/f_T = 7.9$			
A	$S_A = 50.0$	$f_A = 1$	$V_A = S_A/f_A = 50.0$	$F_A = V_A/V_e = 300$	0.000	[**]
B	$S_B = 4.5$	$f_B = 1$	$V_B = S_B/f_B = 4.5$	$F_B = V_B/V_e = 27$	0.014	[*]
C	$S_C = 0.5$	$f_C = 1$	$V_C = S_C/f_C = 0.5$	$F_C = V_C/V_e = 3$	0.182	[ ]
D	$S_D = 0.0$	$f_D = 1$	$V_D = S_D/f_D = 0.0$	$F_D = V_D/V_e = 0$	1.000	[ ]
誤差	$S_e = 0.5$	$f_e = 3$	$V_e = S_e/f_e = 0.1667$			

p 値：Excel 関数＝ FDIST（分散比 , 自由度 , 自由度）
↑因子 ↑誤差

⑥ 検定を行います。

有意差判定は、分散分析表から得られた分散比F_A、F_B、F_C、F_Dと棄却限界値F_0（因子ごとの自由度, f_e, 0.05）の値を比較して判断します。

棄却限界値F_0はExcelで求めます。

Excel 関数 ＝ FINV（有意水準α, 自由度 , 自由度）
↑因子 ↑誤差

具体例における有意水準0.05の棄却限界値F_0は、F(0.05, 1, 3) = 10.128です。$A \sim D$の自由度は「1」ですべて同じなので、棄却限界値も同じです。

10.128より大きな値を示したのはF_AとF_Bですので、因子A（機械タイプ）と因子B（機械使用年数）の効果が認められました。

このことより、部品出来高数は機械のタイプと使用年数によって差があり、工員の性別や入社歴によっては差がないことがわかりました。

p値によっても有意差判定が行えます。p値が0.05より小であれば、「効果あり」と判断します。

p値は「効果あり」という判断が誤る確率です。因子Bのp値を取り上げて解釈すると、因子Bの「効果がある」という結論の誤る確率は1.4%という意味です。

p 値は Excel の関数によって求められます。

因子 B の場合、p 値は次のように求めます。

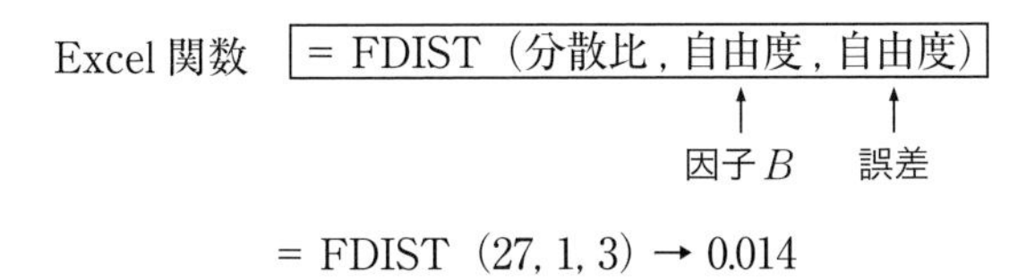

= FDIST（27, 1, 3）→ 0.014

7.7 直交表実験計画法の交互作用

◆ 直交表実験計画法の交互作用はデータ収集前に検討

二元配置法で述べた交互作用は、収集したデータに交互作用があるかどうかを調べるものと述べました。直交表実験計画法でも、交互作用の有無を調べられます。しかし、実験回数（組み合わせ数）を減らしている関係から、収集したデータで交互作用の解析をすることはできません。よって、直交表で交互作用の有無を調べる場合は、データを収集する前の直交表の型を選ぶ段階で検討します。なお、直交表の型や割り付け方法は、交互作用がある場合とない場合とで異なります。

◆ 直交表実験計画法で交互作用について調べる意味

次ページのグラフは、データを機械タイプ別、機械使用年数別に整理し、組み合わせごとの平均値を算出したものです。

「2 年未満」では P タイプが Q タイプを上回っていたのに、「2 年以上」では Q タイプが P タイプを上回るという逆転現象が生じています。このことを「**交互作用**」といいます。逆転現象が生じる場合、グラフは図に見られるように交差します。

交差（逆転現象）は、当該実験で起こった誤差としてではなく、母集団においてもいえることなのかを調べたい場合があります。このようなとき、分散分析表を作成して検定を行います。

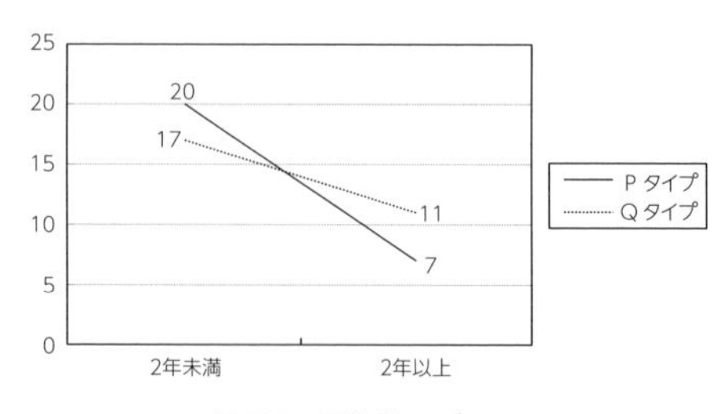

図 7.5 平均値のグラフ

◆ 交互作用の計算方法

次の例題は、表 7.22 の実験を別の会社で行った結果としてみてください。この例題を用い、交互作用の計算方法を調べてみましょう。

表 7.27 例題の表

行No.＼列No.	1	2	3	4	5	6	7	データ
1	1	1	1	1	1	1	1	20
2	1	1	1	2	2	2	2	20
3	1	2	2	1	1	2	2	6
4	1	2	2	2	2	1	1	8
5	2	1	2	1	2	1	2	16
6	2	1	2	2	1	2	1	18
7	2	2	1	1	2	2	1	10
8	2	2	1	2	1	1	2	12
成分	a	b	ab	c	ac	bc	abc	
	A 機械タイプ	B 機械使用年数	e	C 工員入社歴	e	e	D 工員性別	

以下にその手順を記します。

① 交互作用を調べたい因子を設定します。

今回は試しに「A 機械タイプ」と「B 機械使用年数」→ AB の交互作用を調べます。

② 因子数と交互作用の数を加算します。

因子数は A、B、C、D の 4 つ。
交互作用は AB の 1 つ。

合計を t とすると $t = 4 + 1 = 5$。
t の値よりどの直交表を適用するかを決めます。

$t \leqq 6$　　$L_8(2^7)$ を適用
$7 \leqq t \leqq 14$　　$L_{16}(2^{15})$ を適用
$t \geqq 15$　　$L_{32}(2^{31})$ を適用

これより、この例における直交表は $L_8(2^7)$ 型です。

③ 直交表のどの列へ交互作用を割り付けるかを決めます。

表 7.28 を見ると成分 a、b、c、abc に 4 つの因子が割り付けられ、空いている成分は ab、ac、bc の 3 つです。
AB の交互作用を 1 つの因子とみなして、空いている ab、ac、bc の中から AB と同じ英字の ab の列へ割り付けます。この例では成分 ab へ割り付けることにします。

表 7.28　交互作用の割り付け

行No.＼列No.	1	2	3	4	5	6	7	データ
1	1	1	1	1	1	1	1	20
2	1	1	1	2	2	2	2	20
3	1	2	2	1	1	2	2	6
4	1	2	2	2	2	1	1	8
5	2	1	2	1	2	1	2	16
6	2	1	2	2	1	2	1	18
7	2	2	1	1	2	2	1	10
8	2	2	1	2	1	1	2	12
成分	a	b	ab	c	ac	bc	abc	
	A 機械タイプ	B 機械使用年数	AB 機械タイプと機械使用年数の交互作用	C 工員入社歴	e	e	D 工員性別	

④ 分散分析表を作成します。

※ Excel アドインソフトで作成する場合 →「直交表実験計画法（繰り返し無し）」

表 7.29 $L_8(2^7)$ 型の行数

列	1		2		3		4		5		6		7	
割り付け	A		B		e		C		e		e		D	
水準	1	2	1	2	1	2	1	2	1	2	1	2	1	2
データ［部品出来高数］	20	16	20	6	20	6	20	20	20	20	20	20	20	20
	20	18	20	8	20	8	6	8	6	8	8	6	8	6
	6	10	16	10	10	16	16	18	18	16	16	18	18	16
	8	12	18	12	12	18	10	12	12	10	12	10	10	12
1. 合計	54	56	74	36	62	48	52	58	56	54	56	54	56	54
2. 水準和	110		110		110		110		110		110		110	
3. 水準差	−2		38		14		−6		2		2		2	
4. $(3)^2$	4		1444		196		36		4		4		4	
5. 変動 (4)/8	0.5		180.5		24.5		4.5		0.5		0.5		0.5	
	↑ S_A		↑ S_B		↑ S_{AB}		↑ S_C		↑ S_e		↑ S_e		↑ S_D	

$S_T = S_A + S_B + S_{AB} + S_C + S_e + S_e + S_D = 211.5$（(5) 変動の合算を S_T とする）

表 7.30 分散分析表

要因	偏差平方和	自由度	不偏分散	分散比	p 値	判定
全体	$S_T = 211.5$	$f_T = 7$	$V_T = S_T/f_T = 30.2$			
A	$S_A = 0.5$	$f_A = 1$	$V_A = S_A/f_A = 0.5$	$F_A = V_A/V_e = 1$	0.423	[ ]
B	$S_B = 180.5$	$f_B = 1$	$V_B = S_B/f_B = 180.5$	$F_B = V_B/V_e = 361$	0.003	[**]
C	$S_C = 4.5$	$f_C = 1$	$V_C = S_C/f_C = 4.5$	$F_C = V_C/V_e = 9$	0.095	[ ]
D	$S_D = 0.5$	$f_D = 1$	$V_D = S_D/f_D = 0.5$	$F_D = V_D/V_e = 1$	0.423	[ ]
AB	$S_{AB} = 24.5$	$f_{AB} = 1$	$V_{AB} = S_{AB}/f_{AB} = 24.5$	$F_D = V_{AB}/V_{AB} = 49$	0.020	[*]
誤差	$S_e = 1.0$	$f_e = 2$	$V_e = S_e/f_e = 0.5$			

変動 (5) の e の合計（0.5 + 0.5 = 1）

p 値：Excel 関数＝ FDIST（分散比 , 自由度 , 自由度）
（自由度：因子 , 誤差）

⑤ 交互作用の解釈を行います。

「B 機械使用年数」と「AB の交互作用」が有意である。

このことから、部品出来高数は機械使用年数の影響を受けるが、その影響はある特定のタイプの機械で見られるといえる。

次の表は、表 7.28 のデータ（部品出来高数）を機械タイプ別、機械使用年数別に整理し、組み合わせごとの平均値を算出したものです。

表 7.31 データ

	2 年未満	2 年以上
P タイプ	20 20	6 8
Q タイプ	16 18	10 12

表 7.32 平均値

	2 年未満	2 年以上
P タイプ	20	7
Q タイプ	17	11

平均値についてグラフを作成します。

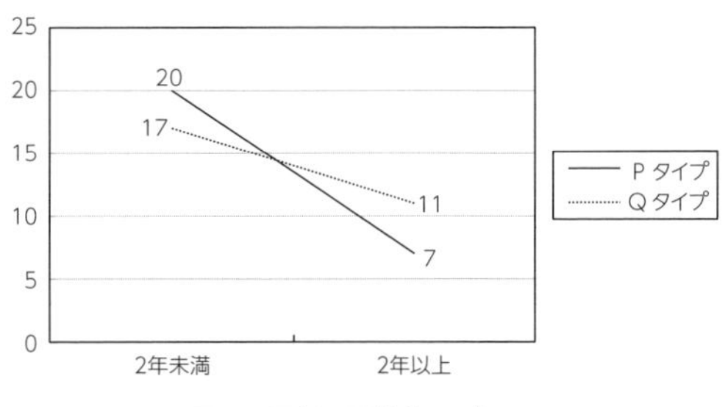

図 7.5 再掲　平均値のグラフ

Pタイプ、Qタイプどちらも使用年数が2年以上になると、部品出来高数は少なくなりますが、この傾向はPタイプにおいて顕著です。その結果「2年未満」ではPタイプがQタイプを上回っていたのに、「2年以上」ではQタイプがPタイプを上回るという逆転現象が生じています。

◆ 「*C* 工員入社歴」「*D* 工員性別」の交互作用を見たい場合

AC、BC の交互作用は、成分 ac、bc の列へ割り付ければよいのですが、CD の交互作用は、成分 cd がないので、割り付けることができません。このような場合、「C 工員入社歴」を「A 工員入社歴」、「D 工員性別」を「B 工員性別」と名称変更して、次表のように割り付ければよいのです。

表 7.33　割り付け

行No. ＼ 列No.	1	2	3	4	5	6	7	データ
1	1	1	1	1	1	1	1	20
2	1	1	1	2	2	2	2	20
3	1	2	2	1	1	2	2	6
4	1	2	2	2	2	1	1	8
5	2	1	2	1	2	1	2	16
6	2	1	2	2	1	2	1	18
7	2	2	1	1	2	2	1	10
8	2	2	1	2	1	1	2	12
成分	a	b	ab	c	ac	bc	abc	
名称変更	A 工員入社歴	B 工員性別	AB 入社歴と性別の交互作用	C 機械タイプ	e	e	D 機械使用年数	

【名称変更点】
C 工員入社歴 →A へ
D 工員性別 →B へ
A 機械タイプ →C へ
B 機械使用年数 →D へ

◆ 直交表によって調べることのできない交互作用がある

$L_8(2^7)$ 型では、AB、AC、BC の交互作用を同時に調べることができますが、AB と CD の交互作用は、直交表の成分欄を見ておわかりのように、同時に調べることができません。

AB、CD の交互作用を同時に調べたい場合は、$L_{16}(2^{15})$ 型を用いれば可ですが、組み合わせ数が倍の 16 になることに留意してください。

◆ すべての列に因子、交互作用を割り付けてはいけない

図 7.6 のように、すべての列へ因子、交互作用を割り付けることはできません。必ず 1 つ誤差用の列として空けなければいけません。

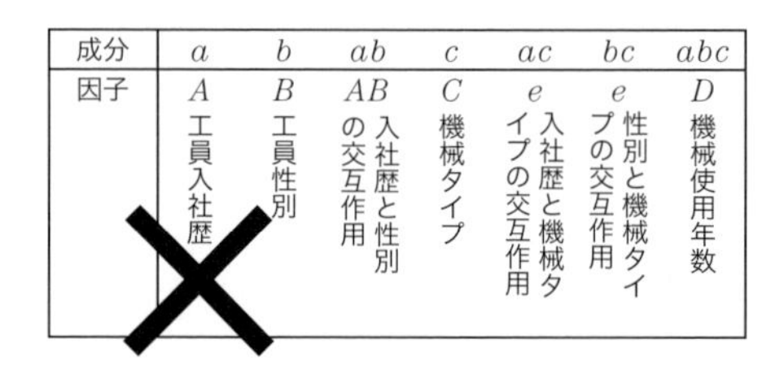

成分	a	b	ab	c	ac	bc	abc
因子	A 工員入社歴	B 工員性別	AB 入社歴と性別の交互作用	C 機械タイプ	e 入社歴と機械タイプの交互作用	e 性別と機械タイプの交互作用	D 機械使用年数

図 7.6 すべての列へ因子、交互作用を割り付けできない

◆ 線点図による割り付け

直交表のどの列へ因子、交互作用を割り付けるかは、今まで述べてきた方法の他に、「**線点図**による割り付け」がありますのでご紹介します。線点図は文字通り点と線からできている図で、因子を直交表のどの列に割り付けるか模式化したものです。次のような図を覚えていくと、簡単に交互作用の割り付けができます。

4 つの因子 A、B、C、D と 2 つの交互作用 AB、AC の割り付けを線点図で行ってみます。

① 適用する因子を点で表し、調べたい交互作用を 2 つの因子の点で結びます。

② 線点図へ当てはめます。

$L_8(2^7)$ 型には 2 つの線点図があり、どちらを使用してもよい。

図 7.7 は、$L_8(2^7)$ 型の線点図です。

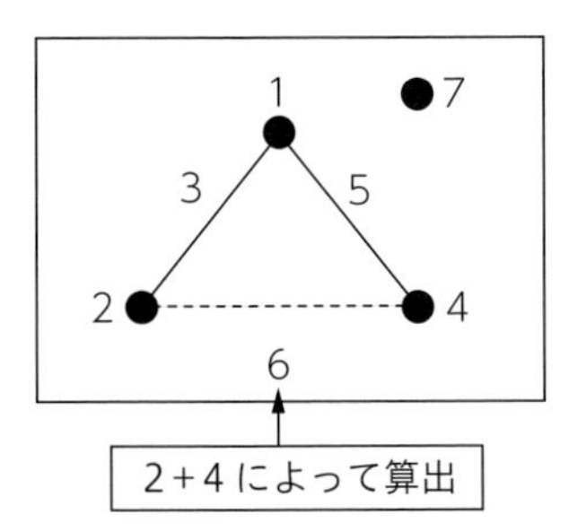

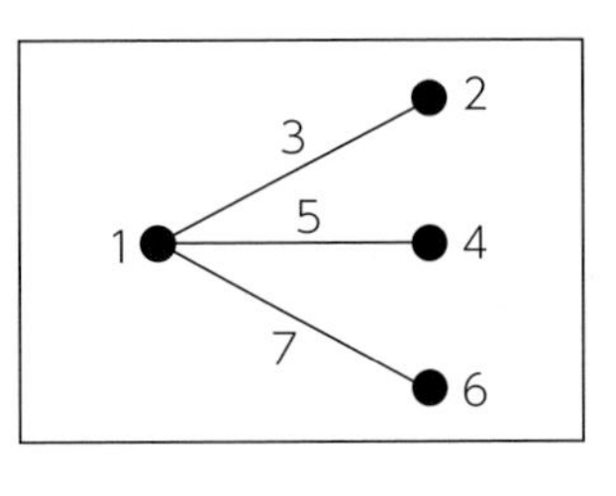

図 7.7 $L_8(2^7)$ 型の線点図

列番号 1、2、4 は A、B、C の指定席。

AB は 1 + 2 → 列番号 3、AC は 1 + 4 → 列番号 5 と自動的に席は決まる。

現在空いている席は 6 番と 7 番。どちらかに D を割り付ける。

残りの席を誤差用に用いる。

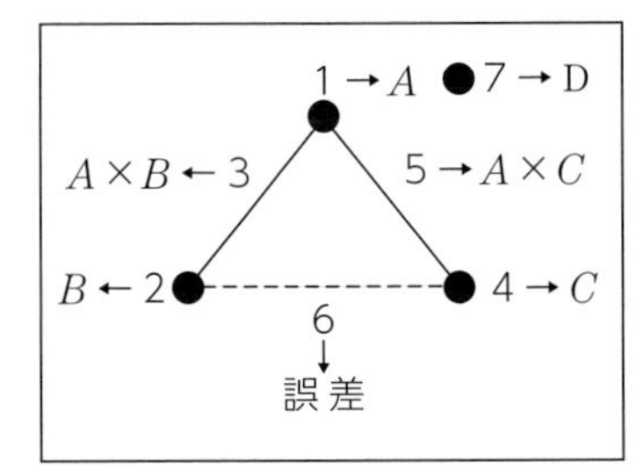

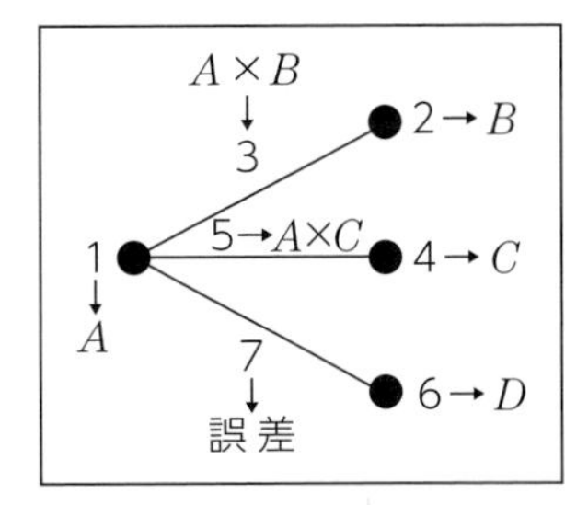

図 7.8 誤差用に使う

例題 7-2

2 水準の因子 A、B、C、D、E について実験し、AB、AC、DE の交互作用を分析します。

問題 1 どの直交表を使いますか。

問題 2 直交表のどの列へ因子、交互作用を割り付けますか。

解答

問題 1

因子数は5

交互作用は3

t =因子数+交互作用= 5 + 3 = 8

$7 \leqq t \leqq 14$ より、$L_{16}(2^{15})$ 型を適用します

問題 2

- A、B、C、D の位置は固定
- E は上記の空いている列の中から選択する。どこの位置でもよいので、最後の15列目に割り付ける

表 7.34 因子の位置

列 No.	1	2	3	4	5	6	7	8	9	10	11	12	13	14	15
成分	A	B		C				D							E

AB → 1列目+ 2列目= 3列目

AC → 1列目+ 4列目= 5列目

表 7.35 因子、交互作用の位置

列 No.	1	2	3	4	5	6	7	8	9	10	11	12	13	14	15
成分	A	B	AB	C	AC			D							E

DE → 8列目+ 15列目= 23

合計が15を超える場合、引き算の値とする
15列目− 8列目= 7列目

表 7.36 問題2の解答

列 No.	1	2	3	4	5	6	7	8	9	10	11	12	13	14	15
成分	A	B	AB	C	AC		DE	D							E

7.8 具体例で 2 水準型直交表実験計画法を行う

例題 7-3

「刺身は陸揚げしてから、時間をおいておろした刺身の方がおいしい」という話があります。
この話が本当かどうか直交表実験計画法を適用して調べなさい。
ただし適用する因子は次の 3 つです。

	取り上げた因子	水準	
A	陸揚げしてからの時間	1：6 時間	2：24 時間
B	保存の際の温度	1：0 度	2：5 度
C	保存の際の風通し	1：無風	2：微風

問題 1　交互作用は AB、AC、BC を検討するとして、どの型の直交表を使いますか。

問題 2　直交表へ因子、交互作用を割り付けなさい。

問題 3　どのような組み合わせで実験をしますか。

問題 4　1 人の評価者が各組み合わせにおける刺身を試食し、それぞれについて 10 点満点で点数を付けました。このデータの分散分析表を作成しなさい。

組み合わせ No.	1	2	3	4	5	6	7	8
刺身評価得点	3 点	4 点	5 点	5 点	8 点	9 点	10 点	10 点

問題 5　刺身のおいしさを決める因子は何かを明らかにしなさい。

解答

問題 1

どの直交表を使うか調べます。

因子数　3つ

交互作用　3つ

t =因子数+交互作用数= 6

$t \leqq 6$ より $L_8(2^7)$ 型を適用します

問題 2

直交表のどの列へ因子、交互作用を割り付けるか調べます。

因子 A、B、C を成分 a、b、c へ、交互作用 AB、AC、BC を成分 ab、ac、bc へ割り付けます。

表 7.37　交互作用の割り付け

行No. \ 列No.	1	2	3	4	5	6	7	データ
1	1	1	1	1	1	1	1	3点
2	1	1	1	2	2	2	2	4点
3	1	2	2	1	1	2	2	5点
4	1	2	2	2	2	1	1	5点
5	2	1	2	1	2	1	2	8点
6	2	1	2	2	1	2	1	9点
7	2	2	1	1	2	2	1	10点
8	2	2	1	2	1	1	2	10点
成分	a	b	ab	c	ac	bc	abc	
	A 時間	B 温度	AB 時間と温度の交互作用	C 風通し	AC 時間と風通しの交互作用	BC 温度と風通しの交互作用	e	

問題 3

表 7.37 に従って各組み合わせの実験条件を調べます。

表 7.38 実験条件

組み合わせ No.	*A* 時間	*B* 温度	*C* 風通し
1	6 時間	0 度	無風
2	6 時間	0 度	微風
3	6 時間	5 度	無風
4	6 時間	5 度	微風
5	24 時間	0 度	無風
6	24 時間	0 度	微風
7	24 時間	5 度	無風
8	24 時間	5 度	微風

問題 4

分散分析表を作成します。

まず、表 7.25 の手順に従って、各水準の変動を求めます。

表 7.39 各水準の変動

列	1		2		3		4		5		6		7	
割り付け	A		B		AB		C		AC		BC		e	
水準	1	2	1	2	1	2	1	2	1	2	1	2	1	2
データ [刺身評価得点]	3	8	3	5	3	5	3	4	3	4	3	4	3	4
	4	9	4	5	4	5	5	5	5	5	5	5	5	5
	5	10	8	10	10	8	8	9	9	8	8	9	9	8
	5	10	9	10	10	9	10	10	10	10	10	10	10	10
1. 合計	17	37	24	30	27	27	26	28	27	27	26	28	27	27
2. 水準和	54		54		54		54		54		54		54	
3. 水準差	−20		−6		0		−2		0		−2		0	
4. $(3)^2$	400		36		0		4		0		4		0	
5. 変動 (4)/8	50		4.5		0		0.5		0		0.5		0	
	↑ S_A		↑ S_B		↑ S_{AB}		↑ S_C		↑ S_{AC}		↑ S_{BC}		↑ S_e	

表 7.40 分散分析表

要因	偏差平方和	自由度	不偏分散	分散比
全体	$S_T = 55.5$	$f_T = 7$	$V_T = S_T/f_T = 7.9$	
A	$S_A = 50.0$	$f_A = 1$	$V_A = S_A/f_A = 50.0$	$F_A = V_A/V_e$
B	$S_B = 4.5$	$f_B = 1$	$V_B = S_B/f_B = 4.5$	$F_B = V_B/V_e$
C	$S_C = 0.5$	$f_C = 1$	$V_C = S_C/f_C = 0.5$	$F_C = V_C/V_e$
AB	$S_{AB} = 0.0$	$f_{AB} = 1$	$V_{AB} = S_{AB}/f_{AB} = 0.0$	$F_D = V_{AB}/V_e$
AC	$S_{AC} = 0.0$	$f_{AC} = 1$	$V_{AC} = S_{AC}/f_{AC} = 0.0$	$FD = V_{AC}/V_e$
BC	$S_{BC} = 0.5$	$f_{BC} = 1$	$V_{BC} = S_{BC}/f_{BC} = 0.5$	$FC = V_{BC}/V_e$
誤差	$S_e = 0.0$	$f_e = 1$	$V_e = S_e/f_e = 0.0$	

誤差のV_eが0のため、分散比が計算できません（Excelアドインソフトを使って分散分析表を作成する場合、結果は表示されません）。

また、交互作用のV_{AB}、V_{AC}も0で、交互作用がないことがわかります。

この例のように、誤差（V_e）や交互作用の不偏分散が0（もしくは0に近い値）の場合には、その自由度fと偏差平方和Sを誤差eに含めて分散分析表を計算し直します。このことを**プーリング**といいます。

この例はAB、AC、BCをプーリングします。

$S_{e'} = S_{AB} + S_{AC} + S_{BC} + S_e = 0.0 + 0.0 + 0.5 + 0.0 = 0.5$

$F_{e'} = f_{AB} + f_{AC} + f_{BC} + f_e = 4$

《プーリングの際の注意点》

1. プーリングを行うか否かの統計学的な基準は存在しません
   目安は、誤差（V_e）や交互作用の不偏分散が0（もしくは0に近い値）の場合です。分析者が判断しプーリングを行います
2. プーリングは、誤差、交互作用だけでなく、因子も含みます
   ただし、因子の場合は、因子Aの不偏分散V_Aが0に近い場合、「因子A及び因子Aに関係するすべての交互作用をプーリングする」が必須です。「因子Aはプーリングして、Aを含む交互作用はプーリングしない」というのはいけません
3. プーリングを行った場合の「その後の分析」は、プーリングを行う前と一緒で分散分析法です。ただし、プーリングをした因子の分散比は算出しません

プーリング後の分散分析表を作成します。

表7.41　分散分析表

要因	偏差平方和	自由度	不偏分散	分散比	p値	判定
全体	$S_T = 55.5$	$f_T = 7$	$V_T = S_T/f_T = 7.9$			
A	$S_A = 50.0$	$f_A = 1$	$V_A = S_A/f_A = 50.0$	$F_A = V_A/V_e = 400$	0.000	[**]
B	$S_B = 4.5$	$f_B = 1$	$V_B = S_B/f_B = 4.5$	$F_B = V_B/V_e = 36$	0.004	[**]
C	$S_C = 0.5$	$f_C = 1$	$V_C = S_C/f_C = 0.5$	$F_C = V_C/V_e = 4$	0.116	[ ]
誤差	$S_{e'} = 0.5$	$f_{e'} = 4$	$V_{e'} = S_{e'}/f_{e'} = 0.125$			

問題 5

棄却限界値 F_0 を Excel で求めます。

Excel 関数　= FINV（有意水準 α, 自由度 , 自由度）

（1つ目の自由度 ↑ 因子、2つ目の自由度 ↑ 誤差）

A ～ C の自由度は「1」で、すべて同じなので棄却限界値も同じです。

有意水準 0.01 の場合 = 21.198

有意水準 0.05 の場合 = 7.709

F_A、F_B、F_C と F_0 を比較して因子 A、B、C の有意差判定を行います。

$F_A > 21.198$　→ [**]

$F_B > 21.198$　→ [**]

$F_C < 7.709$　→ [ ]

有意差判定より、刺身のおいしさは「陸揚げしてからの時間（A）」と「保存の際の温度（B）」によって決まるといえます。

有意な因子について、水準別平均を求めます。

表 7.42　水準別平均

陸揚げしてからの時間		保存の際の温度	
6 時間	24 時間	0 度	5 度
4.25	9.25	6.00	7.50

平均値が高いほど評価が高かったといえますから、刺身は 24 時間ねかせ、保存温度を 5 度にするとおいしく食べられるといえます。

※水準別平均で、有意な因子を判断することができます

7.9 繰り返しがある場合の直交表実験計画法

今まで述べてきた直交表実験計画法は、1つの組み合わせに1つのデータで実験する場合の方法でした。

ここでは、組み合わせ数がN個で、各組み合わせのデータがr個ある場合の方法について学びます。

複数個のデータが存在する場合（繰り返しがある場合）の直交表実験計画法には、先に述べましたが、完全無作為化法と乱塊法の2つがあります。

◆ 完全無作為化法

下記表は$L_8(2^7)$型で作られた組み合わせに対し、異なる24人の実験結果です。

表 7.43 完全無作為化法のデータ

組み合わせ No.	1	2	4	7	データ		
1	Pタイプ	2年未満	3年未満	男性	3	4	4
2	Pタイプ	2年未満	3年以上	女性	4	3	2
3	Pタイプ	2年以上	3年未満	女性	5	5	5
4	Pタイプ	2年以上	3年以上	男性	5	6	5
5	Qタイプ	2年未満	3年未満	女性	8	5	7
6	Qタイプ	2年未満	3年以上	男性	9	8	9
7	Qタイプ	2年以上	3年未満	男性	10	10	9
8	Qタイプ	2年以上	3年以上	女性	10	9	10
	a	b	c	abc			
	A 機械タイプ	B 機械使用年数	C 工員入社歴	D 工員性別			

以下に、上記データに対しての分析手順を示します。

組み合わせNo.を因子（N）と考え、一元配置法を適用します。

表 7.44 一元配置法を処理するためのデータ

組み合わせ No.	1	2	3	4	5	6	7	8
1	3	4	5	5	8	9	10	10
2	4	3	5	6	5	8	10	9
3	4	2	5	5	7	9	9	10

（図中注記：組み合わせNo.の行 ← 因子、行1〜3 ← 繰り返し）

分散分析表を作成すると次になります。

表 7.45 分散分析表

変動要因	偏差平方和	自由度	不偏分散	分散比	p 値	判定
全体（T）	$S_T = 155.96$	$f_T = 23$				
因子（N）	$S_N = 145.96$	$f_N = 7$	$V_N = 20.851$	33.362	0.000	[**]
誤差（e）	$S_e = 10.00$	$f_e = 16$	$V_e = 0.625$			

$$S_T = S_N + S_e$$

次に、組み合わせ数 8 回×繰り返し数 3 回＝ 24 回のデータを繰り返し 1 回の直交表実験計画法を行います。因子 A、B、C、D を列 No.1、2、4、7 へ、交互作用 AB、AC を列 No.3、5 へ割り付け、各因子、交互作用の変動を求めます。

表 7.46 のようにまとめて、各因子の変動を計算します。

表 7.46 各因子の変動

列	1		2		3		4		5		6		7	
割り付け	A		B		AB		C		AC		e'		D	
水準	1	2	1	2	1	2	1	2	1	2	1	2	1	2
データ	3	8	3	5	3	5	3	4	3	4	3	4	3	4
	4	9	4	5	4	5	5	5	5	5	5	5	5	5
	5	10	8	10	10	8	8	9	9	8	8	9	9	8
	5	10	9	10	10	9	10	10	10	10	10	10	10	10
	4	5	4	5	4	5	4	3	4	3	4	3	4	3
	3	8	3	6	3	6	5	6	5	6	6	5	6	5
	5	10	5	10	10	5	5	8	8	5	5	8	8	5
	6	9	8	9	9	8	10	9	9	10	9	10	10	9
	4	7	4	5	4	5	4	2	4	2	4	2	4	2
	2	9	2	5	2	5	5	5	5	5	5	5	5	5
	5	9	7	9	9	7	7	9	9	7	7	9	9	7
	5	10	9	10	10	9	9	10	10	9	10	9	9	10
1. 合計	51	104	66	89	78	77	75	80	81	74	76	79	82	73
2. 水準和	155		155		155		155		155		155		155	
3. 水準差	–53		–23		1		–5		7		–3		9	
4. (3)^2	2809		529		1		25		49		9		81	
5. 変動 (4)/24	117.042		22.042		0.042		1.042		2.042		0.375		3.375	
	↑ S_A		↑ S_B		↑ S_{AB}		↑ S_C		↑ S_{AC}		↑ $S_{e'}$		↑ S_D	

※表 7.44 の一元配置法の S_e と区別するために $S_{e'}$ とする

すべての合計を求めると

$$S_A + S_B + S_C + S_D + S_{AB} + S_{AC} + S_{e'} = 145.96$$

この値は表 7.45 の S_N に一致します。

両方を合わせると次のようになります。

$$S_T = S_N + S_e$$
$$S_T = S_A + S_B + S_C + S_D + S_{AB} + S_{AC} + S_{e'} + S_e$$

$S_{e'}$を不適合、S_eを純誤差、$S_{e'} + S_e = S_E$で表し、これを誤差といいます。
分散分析表を作成すると、次のようになります。

表 7.47 分散分析表（完全無作為化法）

要因	偏差平方和	自由度	不偏分散	分散比	p 値	寄与率	判定
A	$S_A = 117.042$	$f_A = 1$	$V_A = 117.042$	191.78	0.000	74.7	[**]
B	$S_B = 22.042$	$f_B = 1$	$V_B = 22.042$	36.12	0.000	13.7	[**]
C	$S_C = 1.042$	$f_C = 1$	$V_C = 1.042$	1.71	0.209	0.3	
D	$S_D = 3.375$	$f_D = 1$	$V_D = 3.375$	5.53	0.031	1.8	[*]
AB	$S_{AB} = 0.042$	$f_{AB} = 1$	$V_{AB} = 0.042$	0.07	0.797	0.0	
AC	$S_{AC} = 2.042$	$f_{AC} = 1$	$V_{AC} = 2.042$	3.35	0.085	0.9	
誤差	$S_E = 10.375$	$f_E = 17$	$V_E = 0.6103$				
不適合	$S_{e'} = 0.375$	$f_{e'} = 1$	$V_{e'} = 0.375$	0.600	0.444	8.6	[ ]
純誤差	$S_e = 10.000$	$f_e = 16$	$V_e = 0.625$				
計	$S_T = 155.96$	$f_T = 23$				100.0	

不適合が純誤差に対して「有意に大きい」ときは検討し直さなければなりません。この例では、不適合の分散比は 0.6（0.375 ÷ 0.625）で判定マークは無印のため、「有意に大きい」とはいえません。

不適合が大きい場合は、分散比を誤差V_E（→ 0.6103）ではなく、不適合と純誤差を加算した誤差（→ $V_{e'} + V_e = 0.375 + 0.625 = 1$）で求め、主効果、交互作用の検定を行います。

p 値は、F 分布において分散比に対応する確率（誤る確率）です。

寄与率は、次式によって求められるもので要因の重要度を表しています。

j 番目寄与率 = 100 ×（j 番目偏差平方和 − j 番目自由度×分散比（V_E））/ S_T

（例）B について、100 ×（22.042 − 1 × 0.6103）÷ 155.96 = 13.7%

注：寄与率が負（マイナス）の場合、0 とおきます
誤差の寄与率 = 100 − 全要因の寄与率の合計

因子 A の機械タイプと因子 B の機械使用年数と因子 D の工員性別で有意である（差がある）ことがわかりました。交互作用は、ありません。

部品出来高で最も重要な要因は、寄与率が 74.7 の因子 A の機械タイプです。

◆　乱塊法

下記表は $L_8(2^7)$ 型で作られた組み合わせに対し、3 人を選び、各人が 8 回の実験を行った結果です。

表 7.48　乱塊法のデータ

組み合わせ No.	1	2	4	7	データ		
1	P タイプ	2 年未満	3 年未満	男性	3	4	4
2	P タイプ	2 年未満	3 年以上	女性	4	3	2
3	P タイプ	2 年以上	3 年未満	女性	5	5	5
4	P タイプ	2 年以上	3 年以上	男性	5	6	5
5	Q タイプ	2 年未満	3 年未満	女性	8	5	7
6	Q タイプ	2 年未満	3 年以上	男性	9	8	9
7	Q タイプ	2 年以上	3 年未満	男性	10	10	9
8	Q タイプ	2 年以上	3 年以上	女性	10	9	10
	a	b	c	abc	↑	↑	↑
	A	B	C	D	甲	乙	丙
	機械タイプ	機械使用年数	工員入社歴	工員性別			

組み合わせ No. を因子 N、甲・乙・丙を因子 R と考え、繰り返しのない二元配置を適用します。

表 7.49　二元配置法を行うためのデータ

R ＼ N	1	2	3	4	5	6	7	8
甲	3	4	5	5	8	9	10	10
乙	4	3	5	6	5	8	10	9
丙	4	2	5	5	7	9	9	10

表 7.50　分散分析表

変動要因	偏差平方和	自由度	不偏分散	分散比	p 値	判定
全体（T）	155.958	23				
因子（R）	1.083	2	0.542	0.850	0.448	[ ]
因子（N）	145.958	7	20.851	32.738	0.000	[**]
誤差（e）	8.917	14	0.637			

$$S_T = S_R + S_N + S_e$$

表7.46で示したデータと同じように、24のデータに各因子、交互作用の変動を求めます。表7.46同様$S_N = S_A + S_B + S_C + S_D + S_{AB} + S_{AC} + S_{e'}$が成立します。

分散分析表を作ると次のようになります。

表7.51　分散分析表（乱塊法）

要因	偏差平方和	自由度	不偏分散	分散比	p 値	寄与率	判定
R	$S_R = 1.083$	$f_R = 2$	$V_R = 0.542$	0.874	0.437		
A	$S_A = 117.042$	$f_A = 1$	$V_A = 117.042$	188.946	0.000	74.6	[**]
B	$S_B = 22.042$	$f_B = 1$	$V_B = 22.042$	35.583	0.000	13.7	[**]
C	$S_C = 1.042$	$f_C = 1$	$V_C = 1.042$	1.682	0.214	0.3	
D	$S_D = 3.375$	$f_D = 1$	$V_D = 3.375$	5.448	0.034	1.8	[*]
AB	$S_{AB} = 0.042$	$f_{AB} = 1$	$V_{AB} = 0.042$	0.067	0.799	0.0	
AC	$S_{AC} = 2.042$	$f_{AC} = 1$	$V_{AC} = 2.042$	3.296	0.089	0.9	
誤差	$S_E = 9.292$	$f_E = 15$	$V_E = 0.6195$				
不適合	$S_{e'} = 0.375$	$f_{e'} = 1$	$V_{e'} = 0.375$	0.589	0.444	8.7	[ ]
純誤差	$S_e = 8.917$	$f_e = 14$	$V_e = 0.637$				
計	$S_T = 155.96$	$f_T = 23$				100.0	

偏差平方和÷自由度
不偏分散÷誤差V_E
←表7.50のR
寄与率「−0.4」↓「0」
←表7.46の誤差
←表7.50の誤差
合わせる
$V_{e'}(0.375) \div V_e(0.637)$

$$S_T = S_R + S_N + S_e$$

$$S_N = S_A + S_B + S_C + S_D + S_{AB} + S_{AC} + Se' \text{ より}$$

$$S_T = S_R + S_A + S_B + S_C + S_D + S_{AB} + S_{AC} + S_{e'} + S_e \text{が成立します。}$$

$S_{e'} + S_e$をS_Eとします。

因子Aの機械タイプと因子Bの機械使用年数と因子Dの工員性別で有意である（差がある）ことがわかりました。交互作用は、ありません。

部品出来高で最も重要な要因は、寄与率が74.6の因子Aの機械タイプです。

7.10 Excel「直交表実験計画法（繰り返し無し）」プログラムを用いての演習 1

例題 7-4

「刺身は陸揚げしてから、時間をおいておろした刺身の方がおいしい」という話があります。
この話が本当かどうか直交表実験計画法を適用して調べなさい。
ただし適用する因子は次の 3 つです。

	取り上げた因子	水準	
A	陸揚げしてからの時間	1：6 時間	2：24 時間
B	保存の際の温度	1：0 度	2：5 度
C	保存の際の風通し	1：無風	2：微風

直交表 $L_8(2^7)$ 型を用いて、下記のデータを収集しました。

A. 時間	B. 温度	C. 風通し	評価
6 時間	0 度	無風	3
6 時間	0 度	微風	4
6 時間	5 度	無風	5
6 時間	5 度	微風	5
24 時間	0 度	無風	8
24 時間	0 度	微風	9
24 時間	5 度	無風	10
24 時間	5 度	微風	10

※データは正規分布に従っているとします

① Excel の分析ツールに「直交表実験計画法」の機能がないので、アイスタット社のホームページ（http://istat.co.jp/）よりダウンロードした「実験計画法ソフト」の「直交表実験計画法（繰り返し無し）」を適用します。

参照 実験計画法ソフトの起動方法は、277 ページ参照

② 例題のデータは次に示すどちらかで作成してください。

1．Excel のシートに直接入力する

2．アイスタット社のホームページ(http://istat.co.jp/)よりダウンロード「実

験計画法ソフト演習データ .xlsx」

③ メニューバーの［アドイン］を選択し、メニューコマンド［直交表実験計画法（繰り返し無し）］を実行します。
表示されたダイアログボックスで図 7.9 のように入力し、［OK］をクリックします。

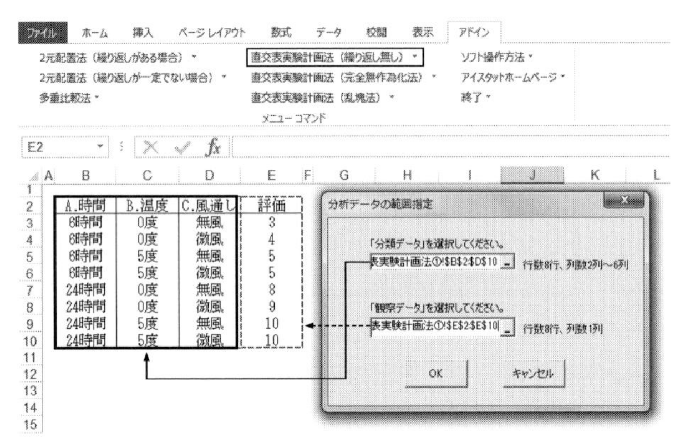

図 7.9　直交表実験計画法（繰り返し無し）

範囲指定

「分類データ」と「観察データ」を項目名も含めて範囲指定します。

「分類データ」の範囲 …………　行数 8 行、列数 2 ～ 8 列
「観察データ」の範囲 …………　行数 8 行、列数 1 列

④ 結果が出力されます。

表 7.52 結果

直交表実験計画法 $L_8(2^7)$ 型

項目名表

A	B	C
A. 時間	B. 温度	C. 風通し

分散分析表

要因	偏差平方和	自由度	不偏分散	分散比	p 値	判定	寄与率
全体変動	55.5	7	7.928571				100
A	50	1	50	200	0.0050	[**]	89.63964
B	4.5	1	4.5	18	0.0513	[ ]	7.657658
C	0.5	1	0.5	2	0.2929	[ ]	0.45045
AB	0	1	0	0	1	[ ]	0
AC	0	1	0	0	1	[ ]	0
誤差変動	0.5	2	0.25				
							2.252252

分散分析表

要因	偏差平方和	自由度	不偏分散	分散比	p 値	判定	寄与率
全体変動	55.5	7	7.928571				100
A	50	1	50	300	0.0004	[**]	89.7898
B	4.5	1	4.5	27	0.0138	[*]	7.8078
C	0.5	1	0.5	3	0.1817	[ ]	0.6006
AB	0	1	0	0	1	[ ]	0
誤差変動	0.5	3	1.66667				0
							1.80180

分散分析表

要因	偏差平方和	自由度	不偏分散	分散比	p 値	判定	寄与率
全体変動	55.5	7	7.928571				100
A	50	1	50	300	0.0004	[**]	89.7898
B	4.5	1	4.5	27	0.0138	[*]	7.8078
C	0.5	1	0.5	3	0.1817	[ ]	0.6006
AC	0	1	0	0	1	[ ]	0
誤差変動	0.5	3	0.166667				0
							1.80180

分散分析表

	要因	偏差平方和	自由度	不偏分散	分散比	p 値	判定	寄与率
	全体変動	55.5	7	7.928571				100
	A	50	1	50	400	0.000	[**]	89.8649
★	B	4.5	1	4.5	36	0.039	[**]	7.8829
	C	0.5	1	0.5	4	0.1161	[ ]	0.6757
	誤差変動	0.5	4	0.125				0
								1.57658

分散分析表は、複数個出力されます。

適応した因子（項目数）によって、出力される個数が異なります。

以下は、分散分析表の結果の個数一覧です。

表 7.53 結果の個数一覧

因子数	項目名	分散分析表の数	結果種類
2	A、B	2	1. A、B、AB 2. A、B
3	A、B、C	8	1. A、B、C、AB、AC、BC 2. A、B、C、AB、AC 3. A、B、C、AB、BC 4. A、B、C、BC、AC 5. A、B、C、AB 6. A、B、C、BC 7. A、B、C、AC 8. A、B、C
4	A、B、C、D	18	省略
5	A、B、C、D、E	11	省略
6	A、B、C、D、E、F	1	1. A、B、C、D、E、F

なお、誤差変動の偏差平方和が0となる分散分析表は、出力されません。どの分散分析表を用いるかは、分析者の判断にゆだねますが、交互作用の判定マーク [**]（p 値が 0.05 以下）を適用するのが一般的です。

この例題では、交互作用を考えない★の分散分析表を結果とします。

⑤ 結論を導きます。

有意差判定より、刺身のおいしさは「陸揚げしてからの時間（A）」と「保存の際の温度（B）」によって決まるといえます。

最も重要な要因は寄与率が 89.9 の陸揚げしてからの時間です。

水準別平均で、有意な因子を判断することもできます。有意な因子について、水準別平均を求めます。

表 7.54 水準別平均

陸揚げしてからの時間		保存の際の温度	
6 時間	24 時間	0 度	5 度
4.25	9.25	6.00	7.50

平均値が高いほど評価が高かったといえますから、刺身は 24 時間ねかせ、保存温度を 5 度にするとおいしく食べられるといえます。

7.11 Excel「直交表実験計画法（完全無作為化法）」プログラムを用いての演習 1

例題 7-5

あるポスターの評価テストで、直交表 $L_8(2^7)$ を用いて次のようなデータが収集できたとします。因子は $P \sim S$ の 4 つで、評価は $Y_1 \sim Y_3$ で異なる 24 人です。ポスターの評価を決める因子は何かを明らかにしなさい。

P	Q	R	S	Y_1	Y_2	Y_3
A	1	白	1	3	4	4
A	1	黒	2	4	3	2
A	2	白	2	5	5	5
A	2	黒	1	5	6	5
B	1	白	2	8	5	7
B	1	黒	1	9	8	9
B	2	白	1	10	10	9
B	2	黒	2	10	9	10

※データは正規分布に従っているとします

① Excel の分析ツールに「直交表実験計画法」の機能がないので、アイスタット社のホームページ（http://istat.co.jp/）よりダウンロードした「実験計画法ソフト」の「直交表実験計画法（完全無作為化法）」を適用します。

参照 実験計画法ソフトの起動方法は、277 ページ参照

② 例題のデータは次に示すどちらかで作成してください。

1．Excel のシートに直接入力する

2．アイスタット社のホームページ（http://istat.co.jp/）よりダウンロード「実験計画法ソフト演習データ .xlsx」

③ メニューバーの［アドイン］を選択し、メニューコマンド［直交表実験計画法（完全無作為化法）］を実行します。

表示されたダイアログボックスで図 7.10 のように入力し、［OK］をクリックします。

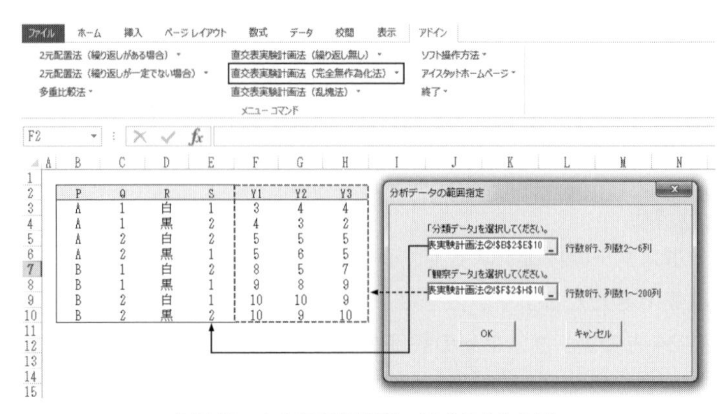

P	Q	R	S	Y1	Y2	Y3
A	1	白	1	3	4	4
A	1	黒	2	4	3	2
A	2	白	2	5	5	5
A	2	黒	1	5	6	5
B	1	白	2	8	5	7
B	1	黒	1	9	8	9
B	2	白	1	10	10	9
B	2	黒	2	10	9	10

図 7.10　直交表実験計画法（完全無作為化法）

範囲指定

「分類データ」と「観察データ」を項目名も含めて範囲指定します。

「分類データ」の範囲 …………　行数 8 行、列数 2 ～ 6 列

「観察データ」の範囲 …………　行数 8 行、列数～ 200 列

④ 結果が出力されます。

分散分析表は、4 因子あるので、18 個出力されます。

どの分散分析表を用いるかは、分析者の判断にゆだねますが、交互作用の判定マーク [ ]（p 値が 0.05 以下）を適用するのが一般的です。

表 7.55 の★の分散分析表は、例題 7-3 の公式に基づいて計算した結果と同じ。

残りの 15 個の表示は、割愛します。

⑤ 結論を導きます。

★の有意差判定より、ポスターの評価は、P、Q、S によって決まるといえます。

最も重要な要因は寄与率が 74.7％の P です。

表 7.55 結果

直交表実験計画法 $L_8(2^7)$ 型

項目名表

A	B	C	D
P	Q	R	S

分散分析表

要因	偏差平方和	自由度	不偏分散	分散比	p 値	判定	寄与率
全体変動	155.958	23	6.781				100.0
A	117.042	1	117.042	191.779	0.000	[**]	74.7
B	22.042	1	22.042	36.116	0.000	[**]	13.7
C	1.042	1	1.042	1.707	0.209	[ ]	0.3
D	3.375	1	3.375	5.530	0.031	[*]	1.8
AB	0.042	1	0.042	0.068	0.797	[ ]	0.0
AC	2.042	1	2.042	3.345	0.085	[ ]	0.9
誤差	10.375	17	0.610				
不適合	0.375	1	0.375	0.600	0.450	[ ]	8.6
純誤差	10.000	16	0.625				

★

分散分析表

要因	偏差平方和	自由度	不偏分散	分散比	p 値	判定	寄与率
全体変動	155.958	23	6.781				100.0
A	117.042	1	117.042	165.235	0.000	[**]	74.6
B	22.042	1	22.042	31.118	0.000	[**]	13.7
C	1.042	1	1.042	1.471	0.242	[ ]	0.2
D	3.375	1	3.375	4.765	0.043	[*]	1.7
AB	0.042	1	0.042	0.059	0.811	[ ]	0.0
AD	0.375	1	0.375	0.529	0.477	[ ]	0.0
誤差	12.042	17	0.708				
不適合	2.042	1	2.042	3.267	0.090	[ ]	9.8
純誤差	10.000	16	0.625				

分散分析表

要因	偏差平方和	自由度	不偏分散	分散比	p 値	判定	寄与率
全体変動	155.958	23	6.781				100.0
A	117.042	1	117.042	165.235	0.000	[**]	74.6
B	22.042	1	22.042	31.118	0.000	[**]	13.7
C	1.042	1	1.042	1.471	0.242	[ ]	0.2
D	3.375	1	3.375	4.765	0.043	[*]	1.7
AB	0.042	1	0.042	0.059	0.811	[ ]	0.0
BC	0.375	1	0.375	0.529	0.477	[ ]	0.0
誤差	12.042	17	0.708				
不適合	2.042	1	2.042	3.267	0.090	[ ]	9.8
純誤差	10.000	16	0.625				

7.12 Excel「直交表実験計画法（乱塊法）」プログラムを用いての演習 1

例題 7-6

あるポスターの評価テストで、直交表 $L_8(2^7)$ を用いて次のようなデータが収集できたとします。因子は $P \sim S$ の 4 つで、評価は 3 人を選び、各人が 8 回の実験を行った結果です。ポスターの評価を決める因子は何かを明らかにしなさい。

P	Q	R	S	Y_1	Y_2	Y_3
A	1	白	1	3	4	4
A	1	黒	2	4	3	2
A	2	白	2	5	5	5
A	2	黒	1	5	6	5
B	1	白	2	8	5	7
B	1	黒	1	9	8	9
B	2	白	1	10	10	9
B	2	黒	2	10	9	10

※データは正規分布に従っているとします

① Excel の分析ツールに「直交表実験計画法」の機能がないので、アイスタット社のホームページ（http://istat.co.jp/）よりダウンロードした「実験計画法ソフト」の「直交表実験計画法（乱塊法）」を適用します。

参照 実験計画法ソフトの起動方法は、277 ページ参照

② 例題のデータは次に示すどちらかで作成してください。

1. Excel のシートに直接入力する
2. アイスタット社のホームページ（http://istat.co.jp/）よりダウンロード「実験計画法ソフト演習データ .xlsx」

③ メニューバーの［アドイン］を選択し、メニューコマンド［直交表実験計画法（完全無作為化法）］を実行します。
表示されたダイアログボックスで図 7.11 のように入力し、［OK］をクリックします。

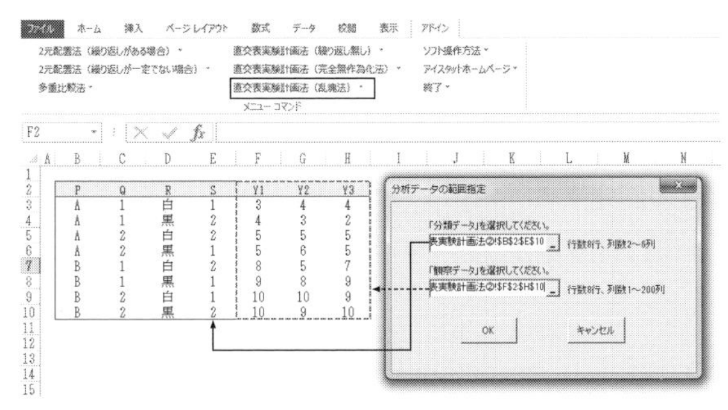

図 7.11　直交表実験計画法（乱塊法）

範囲指定

「分類データ」と「観察データ」を項目名も含めて範囲指定します。

「分類データ」の範囲 ………… 行数 8 行、列数 2 ～ 6 列

「観察データ」の範囲 ………… 行数 8 行、列数～ 200 列

④ 結果が出力されます。

分散分析表は、4 因子あるので、18 個出力されます。

どの分散分析表を用いるかは、分析者の判断にゆだねますが、交互作用の判定マーク [ ]（p 値が 0.05 以下）を適用するのが一般的です。

表 7.56　結果

直交表実験計画法　$L_8(2^7)$ 型

項目名表

A	*B*	*C*	*D*
P	*Q*	*R*	*S*

分散分析表

	要因	偏差平方和	自由度	不偏分散	分散比	p 値	判定	寄与率
	全体変動	155.96	23	6.781				100.000
	A	117.04	1	117.042	188.946	0.000	[**]	74.650
	B	22.04	1	22.042	35.583	0.000	[**]	13.736
	C	1.04	1	1.042	1.682	0.214	[ ]	0.271
	D	3.38	1	3.375	5.448	0.034	[*]	1.767
	AB	0.04	1	0.042	0.067	0.799	[ ]	0.000
	AC	2.04	1	2.042	3.296	0.089	[ ]	0.912
R →	ブロック	1.08	2	0.542	0.874	0.437	[ ]	0.000
	誤差	9.29	15	0.619				8.665
	不適合	0.38	1	0.375	0.589	0.456	[**]	
	純誤差	8.92	14	0.637				

残りの 17 個の表示は割愛します。

⑤ 結論を導きます。

表 7.56 の有意差判定より、ポスターの評価は P、Q、S によって決まります。最も重要な要因は寄与率が 74.7%の P です。

Ⅱ部

回帰・MT法・タグチメソッド

タグチメソッドは、田口玄一（1924-2012）が創始した工学手法で、日本では品質工学と呼ばれています。

市場におけるクレームやトラブルは、製造部門だけではなく、設計部門の責任でもあると考え、設計開発の段階でトラブルを未然に防ぎ、新製品開発のスピードアップと生産技術力の強化を効率的に実現していくために開発された手法です。

タグチメソッドで取り扱うデータは、直交表に基づき実験を行い、データ収集することを前提とします。

タグチメソッドの解析手法は、バラツキを解明するSN比、バラツキを抑え目標値に近づける二段階設計法、直交表を活用した重回帰分析、2群を判別するMT法などです。

Ⅱ部では、これらの解析手法を例題に基づきわかりやすく解説します。

II
部

第8章

重回帰分析

8.1 重回帰分析の例題

例題 8-1

下記表は、プロ野球の野外球場における公式試合について、選手のエラー数とその日の球場の温度と湿度を示したものです。

この表のデータを見ると、温度や湿度が高い試合はエラー数が多いことが推察できます。

この傾向を踏まえて、球場の温度が36℃、湿度が85%の場合、エラー数がどれほどになるかを予測してください。

試合	エラー数	温度	湿度
試合1	0	27	56
試合2	1	27	63
試合3	5	29	70
試合4	3	26	79
試合5	6	30	73
試合6	9	35	79
予測	?	36	85
データ単位	回	℃	%

8.2 重回帰分析とは

例題8-1の目的を解決してくれるのが重回帰分析です。

予測したい変数、この例ではエラー数を**目的変数（従属変数）**といいます。

目的変数に影響を及ぼす変数、この例では温度と湿度を**説明変数**といいます。

重回帰分析で適用できるデータは、目的変数、説明変数どちらも**数量データ**です。重回帰分析は、目的変数と説明変数の関係を**関係式**で表します。

重回帰分析における関係式を**重回帰式**といいます。

この例の重回帰式は、次となります。

エラー数＝ 0.684 ×温度＋ 0.168 ×湿度－ 27.6

重回帰分析はこの重回帰式を用いて、次の事柄を明らかにする解析手法です。

- 予測値の算出
- 関係式に用いた説明変数の目的変数に対する貢献度（影響度、重要度）

◆ 回帰係数と理論値とは

関係式の係数を**回帰係数**といいます。

エラー数＝ 0.684 ×温度＋ 0.168 ×湿度－ 27.6

0.684 → 回帰係数、0.168 → 回帰係数、27.6 → 定数項

関係式に温度と湿度をインプットして求めた値を**理論値**といいます。

例題 8-1 の理論値を示します。理論値とエラー数（実績値）は、ほぼ一致しています。

※本書の解析結果の数値は、Excel で計算した表示です
見た目の表示は、四捨五入された値ですが、計算過程では四捨五入されないまま算出しています。よって、本書の数値表示をもとに手計算で四則演算した場合、若干、小数点や下桁の値に誤差が生じる場合があります

表 8.1 理論値

試合	理論値
試合 1	0.684 × 27 + 0.168 × 56 − 27.6 = 0.28
試合 2	0.684 × 27 + 0.168 × 63 − 27.6 = 1.46
試合 3	0.684 × 29 + 0.168 × 70 − 27.6 = 4.00
試合 4	0.684 × 26 + 0.168 × 79 − 27.6 = 3.46
試合 5	0.684 × 30 + 0.168 × 73 − 27.6 = 5.19
試合 6	0.684 × 35 + 0.168 × 79 − 27.6 = 9.61

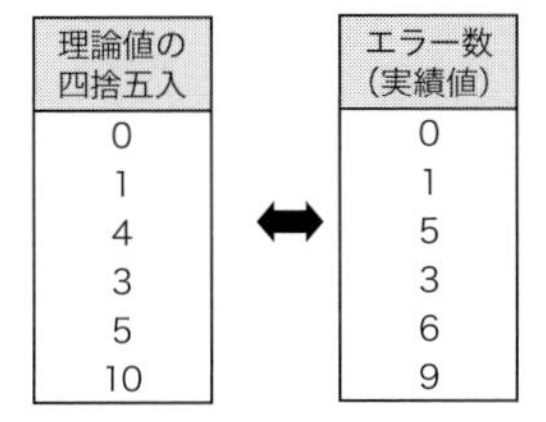

理論値の四捨五入	⬌	エラー数（実績値）
0		0
1		1
4		5
3		3
5		6
10		9

回帰係数は、実績値と理論値ができるだけ一致するように求められます。

重回帰分析を適用すれば、どんな場合でも実績値と理論値が近くなるので

しょうか。結論からいうと、用いる説明変数が目的変数に関係のないものばかりであれば、理論値を実績値に近づけることはできません。

例題 8-1 のデータを次に示す相関図で表してみると、温度が高ければエラー数が多くなり、両者に高い相関があることがわかります。同様に湿度とエラー数の相関図から、両者の間にも高い相関があることがわかります。

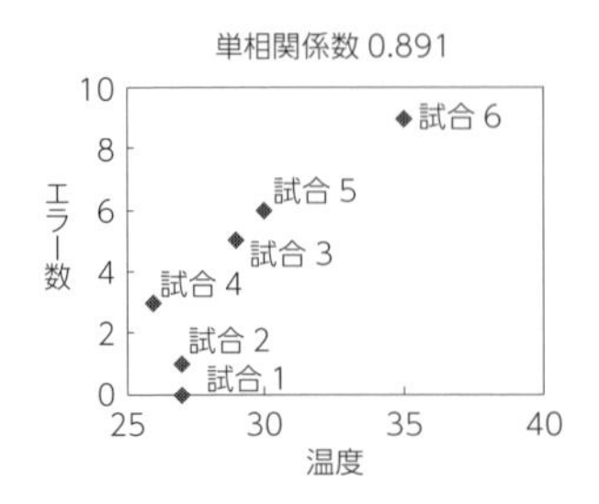

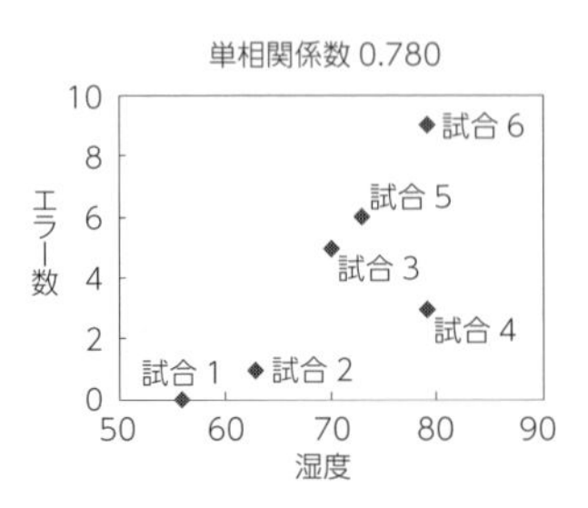

図 8.1 相関図

このように、エラー数と相関の高い説明変数を用いたので、エラー数（実績値）と理論値とは近づいたのです。仮にエラー数と相関のない球場の収容人数や球場の駅からの距離を説明変数にしたらエラー数（実績値）と理論値とは近づきません。

◆ 決定係数で予測精度を調べる

目的変数のデータ（実績値）と理論値が近くなるほど、「分析の精度」がよい、あるいは重回帰式の当てはまり具合がよいといえます。

予測は重回帰分析の関係式を使って行うので、精度の悪い重回帰式では予測ができないということになります。

分析の精度を 1 つの数値で表すことができれば、この尺度を用いて、求められた重回帰式が予測に使えるかどうかを判断することができます。

例題 8-1 について分析の精度を計算してみましょう。

まずは残差（エラー数－理論値）と残差の 2 乗を計算します。

表 8.2 残差と残差の 2 乗

試合	エラー数	理論値	残差	残差の 2 乗
試合 1	0	0.28	−0.28	0.08
試合 2	1	1.46	−0.46	0.21
試合 3	5	4.00	1.00	1.00
試合 4	3	3.46	−0.46	0.21
試合 5	6	5.19	0.81	0.66
試合 6	9	9.61	−0.61	0.37
		合計	0.00	2.54 ← S_e

残差が小さいほど分析精度がよいことは、おわかりでしょう。そこで残差の合計を計算してみます。残差の合計は 0 になります。この例だけではなくどのような場合も 0 になります。したがって残差の合計は、分析の精度を知る尺度としては使えません。

そこで統計学でよく使うテクニックですが、残差の 2 乗を計算し、これを合計してみます。この値を**残差平方和**といい、S_e で表します。

残差平方和 S_e は 2.54 で、0 ではありません。したがって S_e が分析の精度を知る尺度として使えそうです。

ここで、エラー数の**偏差**（エラー数 − 平均）と偏差平方を求めてみます。

表 8.3 エラー数の偏差平方和

試合	エラー数	偏差	偏差平方
試合 1	0	−4	16
試合 2	1	−3	9
試合 3	5	1	1
試合 4	3	−1	1
試合 5	6	2	4
試合 6	9	5	25
	平均 4	合計 0	合計 56 ← S_{yy}

エラー数の偏差平方の合計は 56 です。この値を**偏差平方和**といい S_{yy} で表します。S_{yy} に対する S_e の割合を求め、これを 1 から引いた値 R^2 とします。

R^2 を**決定係数**といいます。

$$R^2 = 1 - \frac{S_e}{S_{yy}}$$

当てはまり具合が最もよい場合は、すべての試合において、理論値がエラー数と等しくなるときで、$S_e = 0$となります。このとき、R^2は前式より1となります。

当てはまり具合が最も悪い場合は、すべての試合において理論値が目的変数の平均値と等しくなるときです。このとき、$S_e = S_{yy}$となり、前式よりR^2は0となります。

今まで述べてきたことからわかるように、決定係数R^2は分析の精度を表す尺度となります。

例題8-1について、決定係数を求めてみます。

$$R^2 = 1 - \frac{S_e}{S_{yy}} = 1 - \frac{2.54}{56} = 1 - 0.045 = 0.955$$

例題8-1のエラー数と理論値の単相関係数（この値を**重相関係数**という）を算出すると、$r = 0.977$です。r^2を計算すると0.955になり、$R^2 = 0.955$に一致します。

決定係数はいくつ以上あればよいかと、よく質問されます。残念ながらいくつ以上あればよいという統計的基準はありません。この基準は、分析者が経験的な判断から決めることになります。

筆者は、次のように決めていますが、皆さんはいかがでしょうか。

表8.4　決定係数の精度

		決定係数		重相関係数
分析の精度が非常によい	……	0.8以上	……	0.9以上
分析の精度がよい	……	0.5以上	……	0.7以上
分析の精度がよくない	……	0.5未満	……	0.7未満

8.3 重回帰分析の活用

◆ 予測する

決定係数が0.5以上であれば、重回帰式は予測に適用できると判断します。

例 8-1 の決定係数は 0.955 で、重回帰式は予測に適用できると判断します。

温度が 36℃、湿度が 85％の試合のエラー数を予測します。

エラー数＝ 0.684 ×温度＋ 0.168 ×湿度－ 27.6

＝ 0.684 × 36 ＋ 0.168 × 85 － 27.6

＝ 24.62 ＋ 14.28 － 27.6

＝ 11.3

温度 36℃、湿度 85％の環境で試合をすると 11 回のエラーが起こると予測されます。

◆ 回帰係数を解釈する

回帰係数は、エラー数と理論値をできるだけ近くする値であることを述べました。ところが、回帰係数の役割はそれだけではなく、それぞれの説明変数の目的変数に及ぼす貢献度も導いてくれます。

まずはじめに、回帰係数にはデータ単位があり、目的変数のデータ単位と同じになることを知っておいてください。

例題 8-1 の重回帰式を再掲します。

エラー数＝ 0.684 ×温度＋ 0.168 ×湿度－ 27.6

エラー数のデータ単位が回なので、回帰係数のデータ単位は、温度が 0.684 回、湿度が 0.168 回、定数項が－ 27.6 となります。

つまり、上記の回帰係数から、温度が 1 ℃上昇するとエラーが 0.684 回（10℃上昇すると 0.684 × 10 ＝約 7 回）、湿度が 1％上昇するとエラーが 0.168 回（10％上昇すると 0.168 × 10 ＝約 2 回）、増えることがわかります。

このように、回帰係数から「説明変数の値が 1 単位増減した場合の単位当たりの目的変数に対する影響度」がわかります。

定数項－27.6 は、温度が 0℃、湿度が 0％におけるエラー数です。

このような悪環境での試合は存在しないのでエラー数がマイナスということもありえません。定数項は基準の値で、この値をエラー数の最低値として、温度が 1℃、湿度が 1％上がるごとにエラー数は増加します。

◆ 標準回帰係数で重要度を把握する

例題 8-1 の回帰係数を見ると、温度の方が湿度より大きいのでエラー数を高める要因は「温度の方である」といってよいでしょうか。

データ単位を見ると、温度は℃、湿度は%で、データ単位が異なります。説明変数のデータ単位の取り方によって回帰係数の値は変わるので、回帰係数の大小を比較しても、どの説明変数が重要なのかを明らかにすることはできません。しかし、データ単位が同じならば、係数を大きい順に並べて、大きい説明変数ほど重要であるといえます。したがって、各説明変数のデータ単位が異なっていれば、データ単位を同じにして重回帰分析を行い、回帰係数を求めればよいのです。データ単位を同じにした回帰係数を**標準回帰係数**といいます。

標準回帰係数は次の式によって求められます。

公式

$$\beta_1 = a_1\sqrt{\frac{S_{11}}{S_{yy}}} \qquad \beta_2 = a_1\sqrt{\frac{S_{22}}{S_{yy}}}$$

βは標準回帰係数

aは回帰係数

S_{yy}, S_{11}, S_{22}は偏差平方和

表 8.5 偏差平方和

試合	エラー数	偏差	偏差平方	温度	偏差	偏差平方	湿度	偏差	偏差平方
試合 1	0	−4	16	27	−2	4	56	−14	196
試合 2	1	−3	9	27	−2	4	63	−7	49
試合 3	5	1	1	29	0	0	70	0	0
試合 4	3	−1	1	26	−3	9	79	9	81
試合 5	6	2	4	30	1	1	73	3	9
試合 6	9	5	25	35	6	36	79	9	81
	平均 4	合計 0	S_{yy} 56	平均 29	合計 0	S_{11} 54	平均 70	合計 0	S_{22} 416

例題 8-1 の標準回帰係数は次となります。

$$温度\beta_1 = 0.684 \times \sqrt{\frac{54}{56}} = 0.671 \qquad 湿度\beta_2 = 0.168 \times \sqrt{\frac{416}{56}} = 0.457$$

この結果から、エラー数が増える要因としては、温度の方が湿度より影響が大きいといえます。

8.4 ◆ Excel 分析ツールによる解法

重回帰分析は、Excel の分析ツールを利用すれば簡単に実行できます。

① Excel メニューバーの［データ］→［データ分析］をクリックし、表示されるダイアログボックスから［回帰分析］を選択します。

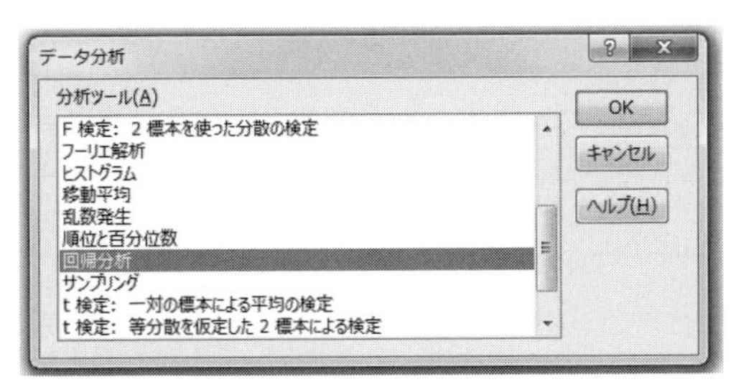

図 8.2 Excel の分析ツール

② 次に表示されたダイアログボックスで図 8.3 のように入力し、［OK］をクリックすると、表 8.6 のような分析結果が表示されます

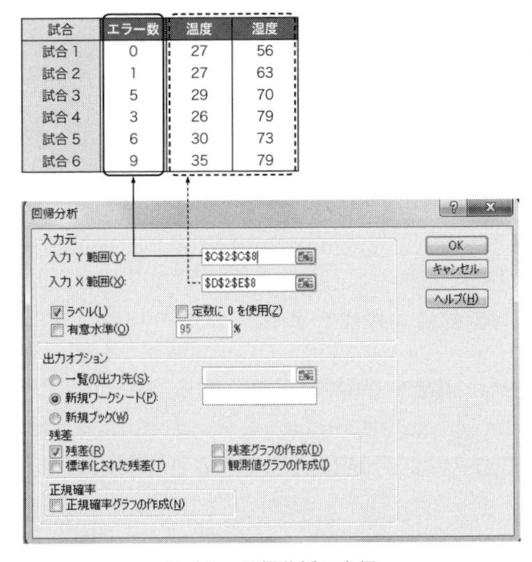

図 8.3 回帰分析の実行

表 8.6 結果

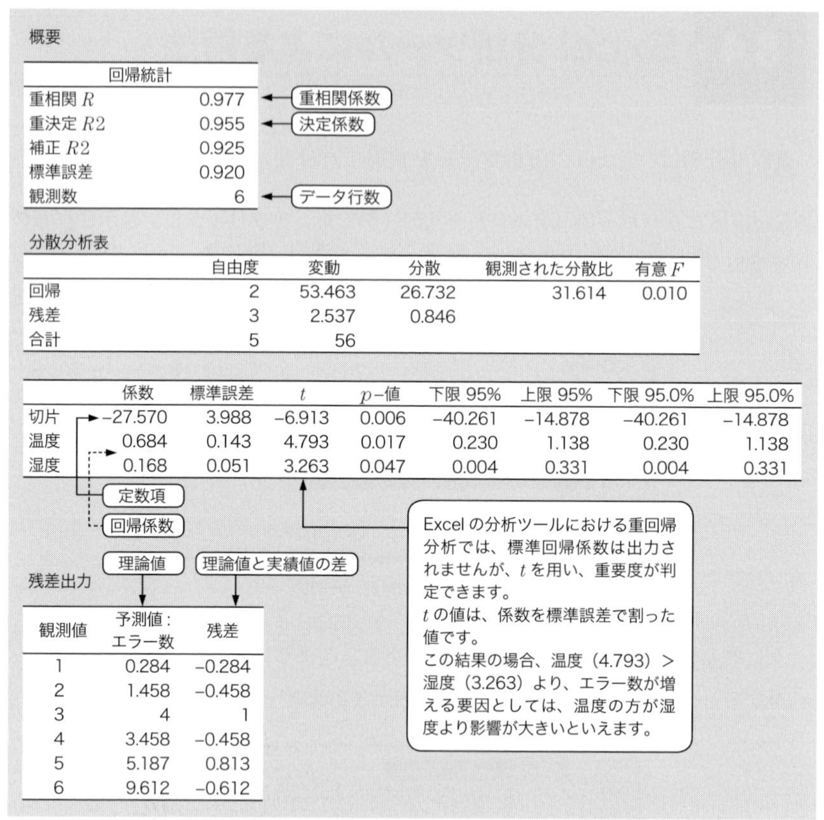

概要

回帰統計	
重相関 R	0.977
重決定 $R2$	0.955
補正 $R2$	0.925
標準誤差	0.920
観測数	6

重相関係数
決定係数
データ行数

分散分析表

	自由度	変動	分散	観測された分散比	有意 F
回帰	2	53.463	26.732	31.614	0.010
残差	3	2.537	0.846		
合計	5	56			

	係数	標準誤差	t	p−値	下限 95%	上限 95%	下限 95.0%	上限 95.0%
切片	−27.570	3.988	−6.913	0.006	−40.261	−14.878	−40.261	−14.878
温度	0.684	0.143	4.793	0.017	0.230	1.138	0.230	1.138
湿度	0.168	0.051	3.263	0.047	0.004	0.331	0.004	0.331

定数項
回帰係数

Excel の分析ツールにおける重回帰分析では、標準回帰係数は出力されませんが、t を用い、重要度が判定できます。
t の値は、係数を標準誤差で割った値です。
この結果の場合、温度（4.793）>湿度（3.263）より、エラー数が増える要因としては、温度の方が湿度より影響が大きいといえます。

残差出力

理論値
理論値と実績値の差

観測値	予測値：エラー数	残差
1	0.284	−0.284
2	1.458	−0.458
3	4	1
4	3.458	−0.458
5	5.187	0.813
6	9.612	−0.612

上記結果の「t」「p − 値」「下限 95％」「上限 95％」は、本書の解析では使いませんので、説明を割愛いたします。

解答

出力結果から、重回帰式を作成します。

$$エラー数 = 0.684 \times 温度 + 0.168 \times 湿度 - 27.6$$

決定係数が 0.955 なので、予測に適用できると判断します。温度に 36、湿度に 85 を代入するとエラー数は 11.3 となります。よって、例題 8-1 の解答は「11 回のエラーが起こると予測される」です。

第9章

直交表を用いた重回帰分析

9.1 直交表重回帰分析の例題

例題 9-1

調査会社Aは消費者に対する商品の利用実態と評価調査を得意としている会社です。よく実施する調査方法は郵送調査、Web調査です。Web調査は調査費が安く、短期間でできるので、これからはWeb調査が主流になるようです。しかし、年配者のインターネット利用率が低いことから、年配者におけるWeb調査は調査結果に偏りが見られ、現段階では郵送調査も適用せざるを得ません。

そこでA会社は、Web調査に比べ回収率が低い郵送調査において、少しでもWeb調査に近づけるために、日頃行っている郵送調査の改善をすることにしました。

A会社で行う調査の回収率（調査協力率）は対象者の属性によって異なりますが、年配者（40才から69才）ですと平均23%です。
回収率を30%以上にするためには、下記表のどの組み合わせで調査をすれば、高い回収率が得られるかを考えてみてください。

なお、A会社が日頃行っている調査票の形態、調査協力者に対する謝礼は、下表に示す水準1で、改善案は水準2です。

要因	水準	
色	1	黒色（白色の紙に黒色の字で印刷）
	2	紺色（薄いベージュ色の紙に紺色の字で印刷）
用紙方向	1	A4縦
	2	A4横
ページ数	1	A4、8ページ
	2	A4、4ページ（A4、8ページと字サイズは同じにして、質問を一部削除してA4、4ページにする）
字フォント	1	フォント11
	2	フォント14（字サイズを大きくするとページ数が多くなるので、一部の質問を削除する）
謝礼図書券	1	500円
	2	1000円
謝礼渡し方	1	後送り（回答返信者に500円図書券を後から郵送）
	2	先送り（調査対象者全員に500円図書券と調査票を先に郵送）

9.2 ◆直交表を用いた重回帰分析とは

直交表を用いて調査を設定し、調査ごとの回収率を調べました。

直交表の水準1を数値「0」、水準2を数値「1」に置換し、説明変数Xとします。回収率を目的変数Yとします。

例題の直交表を示します。参照 作成方法は129ページ以降を参照

表9.1 例題9-1の直交表

	X 説明変数						Y 目的変数		
	色	用紙方向	ページ数	字フォント	謝礼図書券	謝礼渡し方	60才代	50才代	40才代
調査1	1	1	1	1	1	1	24	23	22
調査2	1	1	1	2	2	2	40	38	36
調査3	1	2	2	1	1	2	36	34	34
調査4	1	2	2	2	2	1	38	32	30
調査5	2	1	2	1	2	1	36	34	30
調査6	2	1	2	2	1	2	38	36	34
調査7	2	2	1	1	2	2	36	36	36
調査8	2	2	1	2	1	1	28	26	20

➡

	X 説明変数						Y 目的変数		
	色	用紙方向	ページ数	字フォント	謝礼図書券	謝礼渡し方	60才代	50才代	40才代
調査1	0	0	0	0	0	0	24	23	22
調査2	0	0	0	1	1	1	40	38	36
調査3	0	1	1	0	0	1	36	34	34
調査4	0	1	1	1	1	0	38	32	30
調査5	1	0	1	0	1	0	36	34	30
調査6	1	0	1	1	0	1	38	36	34
調査7	1	1	0	0	1	1	36	36	36
調査8	1	1	0	1	0	0	28	26	20

1、0データを説明変数、回収率を目的変数として重回帰分析を行います。

この重回帰が「**直交表を用いた重回帰分析**」です。

この分析結果から次の2点が把握できます。

- 回収率を上げるのに重要な因子、水準を明らかにする
- 調査していない別の組み合わせの回収率を予測し、回収率が最大となる組み合わせ（調査）を明らかにする

9.3 直交表の活用

要因が回収率に影響を及ぼしているかどうかは、調査を実施しなければ把握できません。しかし、例題 9-1 は、6 要因、2 水準あるので、すべての組み合わせについて調査を行うとすると、$2^6 = 64$ 通りの調査を行わなければなりません。このような場合、第 7 章で学んだ直交表を適用すると、調査の数を減らすことができます。

2 水準 6 要因の場合、直交表 $L_8(2^7)$ から 8 つの調査をすればよいことがわかります。

表 9.2 直交表 $L_8(2^7)$

行 No. \ 列 No.	1	2	3	4	5	6	7
1	1	1	1	1	1	1	1
2	1	1	1	2	2	2	2
3	1	2	2	1	1	2	2
4	1	2	2	2	2	1	1
5	2	1	2	1	2	1	2
6	2	1	2	2	1	2	1
7	2	2	1	1	2	2	1
8	2	2	1	2	1	1	2

表 9.3 実施する 8 つの調査

行 No. \ 列 No.	1	2	3	4	5	6
	色	用紙方向	ページ数	字フォント	謝礼図書券	謝礼渡し方
調査 1	黒色	A4 縦	8 ページ	11	500 円	後送り
調査 2	黒色	A4 縦	8 ページ	14	1000 円	先送り
調査 3	黒色	A4 横	4 ページ	11	500 円	先送り
調査 4	黒色	A4 横	4 ページ	14	1000 円	後送り
調査 5	紺色	A4 縦	4 ページ	11	1000 円	後送り
調査 6	紺色	A4 縦	4 ページ	14	500 円	先送り
調査 7	紺色	A4 横	8 ページ	11	1000 円	先送り
調査 8	紺色	A4 横	8 ページ	14	500 円	後送り

水準「1」に彩色

8 回の調査は、直交表のルールに従い、組み合わせました。

9.4 ◆調査の実施

調査対象者は60才代、50才代、40才代の主婦で、1つの調査に50名ずつ割り当てました。

表9.4 調査対象者

	60才代	50才代	40才代	全体
調査1	50	50	50	150
調査2	50	50	50	150
調査3	50	50	50	150
調査4	50	50	50	150
調査5	50	50	50	150
調査6	50	50	50	150
調査7	50	50	50	150
調査8	50	50	50	150
全体	400	400	400	1200

調査票を郵便で投函してから20日経過後に調査を完了し、50名中何%の協力があったかの回収率を調べました。下記はその結果です。

表9.5 回収率

	60才代	50才代	40才代	全体
調査1	24.0	23.0	22.0	23.0
調査2	40.0	38.0	36.0	38.0
調査3	36.0	34.0	34.0	34.7
調査4	38.0	32.0	30.0	33.3
調査5	36.0	34.0	30.0	33.3
調査6	38.0	36.0	34.0	36.0
調査7	36.0	36.0	36.0	36.0
調査8	28.0	26.0	20.0	24.7
全体	34.5	32.4	30.3	32.4

9.5 直交表重回帰分析用データの作成

直交表の水準1を数値「0」、水準2を数値「1」に置換し、これを説明変数 X とします。回収率を目的変数 Y とします。

なお、置換する数値は、水準1を「1」、水準2を「0」と逆にした場合、回帰係数の符号は逆転しますが結果の解釈は変わりません。

表 9.6 直交表重回帰分析用データ

	X 要因						Y 回収率		
	色	用紙方向	ページ数	字フォント	謝礼図書券	謝礼渡し方	60才代	50才代	40才代
調査1	0	0	0	0	0	0	24	23	22
調査2	0	0	0	1	1	1	40	38	36
調査3	0	1	1	0	0	1	36	34	34
調査4	0	1	1	1	1	0	38	32	30
調査5	1	0	1	0	1	0	36	34	30
調査6	1	0	1	1	0	1	38	36	34
調査7	1	1	0	0	1	1	36	36	36
調査8	1	1	0	1	0	0	28	26	20

これで直交表重回帰のデータが準備できました。

このデータを次に示す表に置き換え、重回帰分析を行えば、結果が得られます。

表 9.7　重回帰分析用データ

	X 要因						Y
	色	用紙方向	ページ数	字フォント	謝礼図書券	謝礼渡し方	回収率
調査 1	0	0	0	0	0	0	24
調査 2	0	0	0	1	1	1	40
調査 3	0	1	1	0	0	1	36
調査 4	0	1	1	1	1	0	38
調査 5	1	0	1	0	1	0	36
調査 6	1	0	1	1	0	1	38
調査 7	1	1	0	0	1	1	36
調査 8	1	1	0	1	0	0	28
調査 1	0	0	0	0	0	0	23
調査 2	0	0	0	1	1	1	38
調査 3	0	1	1	0	0	1	34
調査 4	0	1	1	1	1	0	32
調査 5	1	0	1	0	1	0	34
調査 6	1	0	1	1	0	1	36
調査 7	1	1	0	0	1	1	36
調査 8	1	1	0	1	0	0	26
調査 1	0	0	0	0	0	0	22
調査 2	0	0	0	1	1	1	36
調査 3	0	1	1	0	0	1	34
調査 4	0	1	1	1	1	0	30
調査 5	1	0	1	0	1	0	30
調査 6	1	0	1	1	0	1	34
調査 7	1	1	0	0	1	1	36
調査 8	1	1	0	1	0	0	20

重回帰分析を行う前に、回収率について検討してみます。

水準別の回収率の平均値を算出し、水準 2 から水準 1 を引きます。格差を見ると、用紙方向以外はプラスの値です。このことから、用紙方向は現行の水準 1 で、その他の要因は改善案の水準 2 で調査するのがよいといえます。

表 9.8　水準別の回収率平均

(%)

	色	用紙方向	ページ数	字フォント	謝礼図書券	謝礼渡し方
水準 1（数値 0）	32.25	32.58	30.42	31.75	29.58	28.58
水準 2（数値 1）	32.50	32.17	34.33	33.00	35.17	36.17
水準 2 − 水準 1	0.25	−0.42	3.92	1.25	5.58	7.58

9.6 ◆ Excel 分析ツールによる解法

Excelの分析ツールを利用し、重回帰分析を行います。

① Excelメニューバーの［データ］→［データ分析］→［回帰分析］を選択します。

② 表示されたダイアログボックスで図9.1のように入力し、「OK」をクリックすると、表9.9のような分析結果が表示されます。

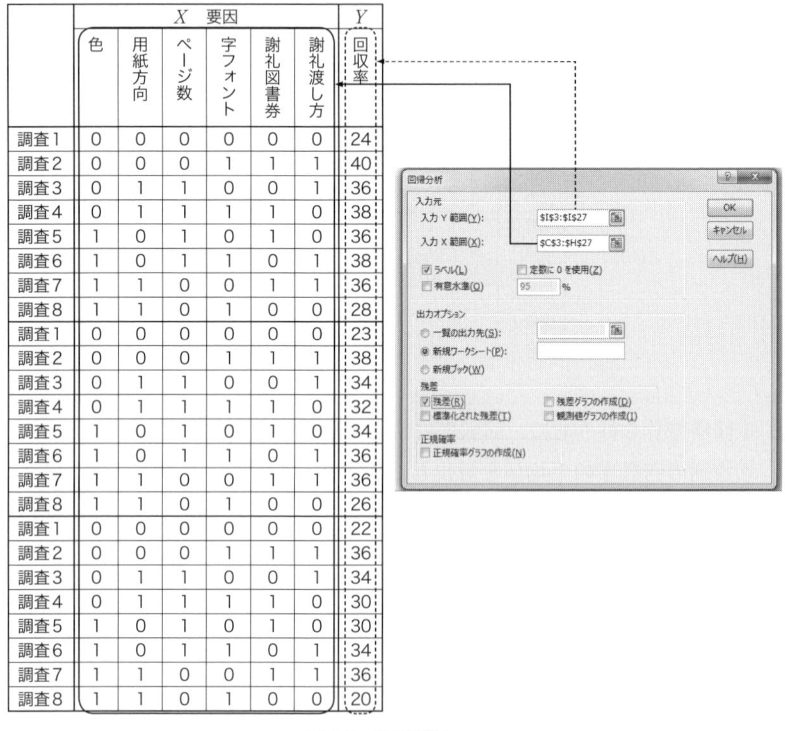

	X 要因						Y
	色	用紙方向	ページ数	字フォント	謝礼図書券	謝礼渡し方	回収率
調査1	0	0	0	0	0	0	24
調査2	0	0	0	1	1	1	40
調査3	0	1	1	0	0	1	36
調査4	0	1	1	1	1	0	38
調査5	1	0	1	0	1	0	36
調査6	1	0	1	1	0	1	38
調査7	1	1	0	0	1	1	36
調査8	1	1	0	1	0	0	28
調査1	0	0	0	0	0	0	23
調査2	0	0	0	1	1	1	38
調査3	0	1	1	0	0	1	34
調査4	0	1	1	1	1	0	32
調査5	1	0	1	0	1	0	34
調査6	1	0	1	1	0	1	36
調査7	1	1	0	0	1	1	36
調査8	1	1	0	1	0	0	26
調査1	0	0	0	0	0	0	22
調査2	0	0	0	1	1	1	36
調査3	0	1	1	0	0	1	34
調査4	0	1	1	1	1	0	30
調査5	1	0	1	0	1	0	30
調査6	1	0	1	1	0	1	34
調査7	1	1	0	0	1	1	36
調査8	1	1	0	1	0	0	20

図9.1 範囲指定

表 9.9 結果

概要

回帰統計	
重相関 R	0.923
重決定 $R2$	0.852
補正 $R2$	0.799
標準誤差	2.552
観測数	24

決定係数（重決定 $R2$ を指す）

分散分析表

	自由度	変動	分散	観測された分散比	有意 F
回帰	6	634.917	105.819	16.249	0.000
残差	17	110.708	6.512		
合計	23	745.625			

	係数	標準誤差	t	p–値	下限 95%	上限 95%	下限 95.0%	上限 95.0%
切片	23.29	1.378	16.900	0.000	20.384	26.199	20.384	26.199
色	0.25	1.042	0.240	0.813	–1.948	2.448	–1.948	2.448
用紙方向	–0.42	1.042	–0.400	0.694	–2.615	1.781	–2.615	1.781
ページ数	3.92	1.042	3.759	0.002	1.719	6.115	1.719	6.115
字フォント	1.25	1.042	1.200	0.247	–0.948	3.448	–0.948	3.448
謝礼図書券	5.58	1.042	5.359	0.000	3.385	7.781	3.385	7.781
謝礼渡し方	7.58	1.042	7.279	0.000	5.385	9.781	5.385	9.781

残差出力

観測値	予測値：回収率	残差
1	23.3	0.7
2	37.7	2.3
3	34.4	1.6
4	33.6	4.4
5	33.0	3.0
6	36.3	1.7
7	36.3	–0.3
8	24.4	3.6
9	23.3	–0.3
10	37.7	0.3
11	34.4	–0.4
12	33.6	–1.6
13	33.0	1.0
14	36.3	–0.3
15	36.3	–0.3
16	24.4	1.6
17	23.3	–1.3
18	37.7	–1.7
19	34.4	–0.4
20	33.6	–3.6
21	33.0	–3.0
22	36.3	–2.3
23	36.3	–0.3
24	24.4	–4.4

表 9.10 水準別の回収率平均

	水準 1（数値 0）	水準 2（数値 1）	水準 2 − 水準 1
色	32.25	32.50	0.25
用紙方向	32.58	32.17	–0.42
ページ数	30.42	34.33	3.92
字フォント	31.75	33.00	1.25
謝礼図書券	29.58	35.17	5.58
謝礼渡し方	28.58	36.17	7.58

◆ 要因の重要度

重回帰分析の結果「回帰係数」と表 9.8 で検討した水準別の回収率平均の格差は、一致します。

回帰係数は、水準 1 から水準 2 に変更した場合による回収率の増分で、各要因の効果を表しているといえます。

直交表重回帰分析では、この回帰係数を**主効果**ともいいます。係数の値が大きいほど回収率への影響度が高いといえます。

注：第 8 章の重回帰分析では、説明変数の目的変数に対する貢献度を、回帰係数ではなく標準回帰係数で把握しなければならないと述べましたが、直交表重回帰分析では、回帰係数で把握することができます

主効果の最大は謝礼の渡し方（後送り → 先送り）、次に謝礼図書券（500 円 → 1000 円）、ページ数（8 ページ → 4 ページ）です。

係数がマイナスの項目である用紙方向は A4 縦から A4 横に変えることにより、回収率が下がることを意味しています。

表 9.11 回帰係数

水準 1（現行）		水準 2（改善案）			係数	
黒色	→	紺色	→	色	0.25	
A4 縦	→	A4 横	→	用紙方向	−0.42	
A4、8 ページ	→	A4、4 ページ	→	ページ数	3.92	…3 位
フォント 11	→	フォント 14	→	字フォント	1.25	
500 円	→	1000 円	→	謝礼図書券	5.58	…2 位
後送り	→	先送り	→	謝礼渡し方	7.58	…1 位

現行の郵送調査を改善案にすると → 係数が「＋」の場合は回収率が上がる
係数が「−」の場合は回収率が下がる

表 9.12 重要要因のランキング

	係数
謝礼渡し方	7.58
謝礼図書券	5.58
ページ数	3.92
字フォント	1.25
色	0.25
用紙方向	−0.42

◆ 重回帰式

出力結果から、例題の重回帰式を作成します。

$$Y = 0.25X_1 - 0.42X_2 + 3.92X_3 + 1.25X_4 + 5.58X_5 + 7.58X_6 + 23.3$$

$0.25X_1$	$0.42X_2$	$3.92X_3$	$1.25X_4$	$5.58X_5$	$7.58X_6$	23.3
↑	↑	↑	↑	↑	↑	↑
色	用紙方向	ページ数	字フォント	図書券	渡し方	定数項

決定係数が 0.852 なので、この重回帰式は予測に使えます。

9.7 未実施調査の回収率予測

調査すべき数は 64 通りでしたが、実施した調査は 8 通りでした。

未実施調査の回収率を調べたいときは、重回帰式に各調査の水準情報をインプットすれば求められます。

重回帰式

$$Y = 0.25X_1 - 0.42X_2 + 3.92X_3 + 1.25X_4 + 5.58X_5 + 7.58X_6 + 23.3$$

$0.25X_1$	$0.42X_2$	$3.92X_3$	$1.25X_4$	$5.58X_5$	$7.58X_6$	23.3
↑	↑	↑	↑	↑	↑	↑
色	用紙方向	ページ数	字フォント	図書券	渡し方	定数項

（例）調査 No.1 の回収率

$$0.25 \times 1 - 0.42 \times 1 + 3.92 \times 1 + 1.25 \times 1 + 5.58 \times 1 + 7.58 \times 1 + 23.3$$

$$= 41.5$$

64 調査の回収率を示します。

調査番号のある行は、調査実施 8 つについて予測したものです。

表 9.13　64 調査の回収率

	調査No.	色	用紙方向	ページ数	字フォント	謝礼図書券	謝礼渡し方	回収率
	1	1	1	1	1	1	1	41.5
	2	1	1	1	1	1	0	33.9
	3	1	1	1	1	0	1	35.9
	4	1	1	1	1	0	0	28.3
	5	1	1	1	0	1	1	40.2
	6	1	1	1	0	1	0	32.6
	7	1	1	1	0	0	1	34.6
	8	1	1	1	0	0	0	27.0
	9	1	1	0	1	1	1	37.5
	10	1	1	0	1	1	0	30.0
	11	1	1	0	1	0	1	32.0
調査8	12	1	1	0	1	0	0	24.4
調査7	13	1	1	0	0	1	1	36.3
	14	1	1	0	0	1	0	28.7
	15	1	1	0	0	0	1	30.7
	16	1	1	0	0	0	0	23.1
	17	1	0	1	1	1	1	41.9
	18	1	0	1	1	1	0	34.3
調査6	19	1	0	1	1	0	1	36.3
	20	1	0	1	1	0	0	28.7
	21	1	0	1	0	1	1	40.6
調査5	22	1	0	1	0	1	0	33.0
	23	1	0	1	0	0	1	35.0
	24	1	0	1	0	0	0	27.5
	25	1	0	0	1	1	1	38.0
	26	1	0	0	1	1	0	30.4
	27	1	0	0	1	0	1	32.4
	28	1	0	0	1	0	0	24.8
	29	1	0	0	0	1	1	36.7
	30	1	0	0	0	1	0	29.1
	31	1	0	0	0	0	1	31.1
	32	1	0	0	0	0	0	23.5
	33	0	1	1	1	1	1	41.2
調査4	34	0	1	1	1	1	0	33.6
	35	0	1	1	1	0	1	35.6
	36	0	1	1	1	0	0	28.0
	37	0	1	1	0	1	1	40.0
	38	0	1	1	0	1	0	32.4
調査3	39	0	1	1	0	0	1	34.4
	40	0	1	1	0	0	0	26.8
	41	0	1	0	1	1	1	37.3
	42	0	1	0	1	1	0	29.7
	43	0	1	0	1	0	1	31.7
	44	0	1	0	1	0	0	24.1
	45	0	1	0	0	1	1	36.0
	46	0	1	0	0	1	0	28.5
	47	0	1	0	0	0	1	30.5
	48	0	1	0	0	0	0	22.9
	49	0	0	1	1	1	1	41.6
	50	0	0	1	1	1	0	34.0
	51	0	0	1	1	0	1	36.0
	52	0	0	1	1	0	0	28.5
	53	0	0	1	0	1	1	40.4
	54	0	0	1	0	1	0	32.8
	55	0	0	1	0	0	1	34.8
	56	0	0	1	0	0	0	27.2
調査2	57	0	0	0	1	1	1	37.7
	58	0	0	0	1	1	0	30.1
	59	0	0	0	1	0	1	32.1
	60	0	0	0	1	0	0	24.5
	61	0	0	0	0	1	1	36.5
	62	0	0	0	0	1	0	28.9
	63	0	0	0	0	0	1	30.9
調査1	64	0	0	0	0	0	0	23.3

回収率の大きい順に並べ替えました。

回収率の最大は調査 No.17 です。

表 9.14　64 調査の回収率

	調査No.	色	用紙方向	ページ数	字フォント	謝礼図書券	謝礼渡し方	回収率
	17	1	0	1	1	1	1	41.9
	49	0	0	1	1	1	1	41.6
	1	1	1	1	1	1	1	41.5
	33	0	1	1	1	1	1	41.2
	21	1	0	1	0	1	1	40.6
	53	0	0	1	0	1	1	40.4
	5	1	1	1	0	1	1	40.2
	37	0	1	1	0	1	1	40.0
	25	1	0	0	1	1	1	38.0
調査2	57	0	0	0	1	1	1	37.7
	9	1	1	0	1	1	1	37.5
	41	0	1	0	1	1	1	37.3
	29	1	0	0	0	1	1	36.7
	61	0	0	0	0	1	1	36.5
調査7	13	1	1	0	0	1	1	36.3
調査6	19	1	0	1	1	0	1	36.3
	45	0	1	0	0	1	1	36.0
	51	0	0	1	1	0	1	36.0
	3	1	1	1	1	0	1	35.9
	35	0	1	1	1	0	1	35.6
	23	1	0	1	0	0	1	35.0
	55	0	0	1	0	0	1	34.8
	7	1	1	1	0	0	1	34.6
調査3	39	0	1	1	0	0	1	34.4
	18	1	0	1	1	1	0	34.3
	50	0	0	1	1	1	0	34.0
	2	1	1	1	1	1	0	33.9
調査4	34	0	1	1	1	1	0	33.6
調査5	22	1	0	1	0	1	0	33.0
	54	0	0	1	0	1	0	32.8
	6	1	1	1	0	1	0	32.6
	27	1	0	0	1	0	1	32.4
	38	0	1	1	0	1	0	32.4
	59	0	0	0	1	0	1	32.1
	11	1	1	0	1	0	1	32.0
	43	0	1	0	1	0	1	31.7
	31	1	0	0	0	0	1	31.1
	63	0	0	0	0	0	1	30.9
	15	1	1	0	0	0	1	30.7
	47	0	1	0	0	0	1	30.5
	26	1	0	0	1	1	0	30.4
	58	0	0	0	1	1	0	30.1
	10	1	1	0	1	1	0	30.0
	42	0	1	0	1	1	0	29.7
	30	1	0	0	0	1	0	29.1
	62	0	0	0	0	1	0	28.9
	20	1	0	1	1	0	0	28.7
	14	1	1	0	0	1	0	28.7
	52	0	0	1	1	0	0	28.5
	46	0	1	0	0	1	0	28.5
	4	1	1	1	1	0	0	28.3
	36	0	1	1	1	0	0	28.0
	24	1	0	1	0	0	0	27.5
	56	0	0	1	0	0	0	27.2
	8	1	1	1	0	0	0	27.0
	40	0	1	1	0	0	0	26.8
	28	1	0	0	1	0	0	24.8
	60	0	0	0	1	0	0	24.5
調査8	12	1	1	0	1	0	0	24.4
	44	0	1	0	1	0	0	24.1
	32	1	0	0	0	0	0	23.5
調査1	64	0	0	0	0	0	0	23.3
	16	1	1	0	0	0	0	23.1
	48	0	1	0	0	0	0	22.9

次に、重回帰分析を行うために置換した直交表の数値「0」を水準 1、「1」を水準 2 に戻し、回収率を上げるための組み合わせを調べます。

調査No.17より下記の彩色の水準で調査を実施すると回収率は最大となり、41.9%の回収率が見込めます。

表9.15 回収率が最大の調査

要因	水準	
色	1	黒色（白色の紙に黒色の字で印刷）
	2	紺色（薄いベージュ色の紙に紺色の字で印刷）
用紙方向	1	A4縦
	2	A4横
ページ数	1	A4、8ページ
	2	A4、4ページ（A4、8ページと字サイズは同じにして、質問を一部削除してA4、4ページにする）
字フォント	1	フォント11
	2	フォント14（字サイズを大きくするとページ数が多くなるので、一部の質問を削除する）
謝礼図書券	1	500円
	2	1000円
謝礼渡し方	1	後送り（回答返信者に500円図書券を後から郵送）
	2	先送り（調査対象者全員に500円図書券と調査票を先に郵送）

例題9-1の解答

- 回収率を上げるのに重要な因子、水準は回帰係数より、
  1位　謝礼渡し方（後送りを先送りに）
  2位　謝礼図書券（500円を1000円に）
  3位　ページ数（A4サイズ8ページを4ページに）
- 回収率が最も高くなる調査方法は、重回帰式に各調査の水準情報をインプットした結果より、色は紺色、用紙はA4縦、ページ数はA4サイズ4ページ、字フォントは14、謝礼図書券は1000円、謝礼渡し方は先送り

第10章

マハラノビス汎距離

10.1 ◆距離の例題

例題 10-1

次の表は、会社の営業1課と営業2課における、2つの商品の月間販売台数を示したものです。

営業1課

	商品1	商品2
A	3	5
B	5	4
C	6	8
D	4	7
E	7	6
平均	5台	6台

営業2課

	商品1	商品2
F	1	4
G	4	4
H	3	5
I	6	5
J	9	8
K	7	10
平均	5台	6台

問題1　商品1の販売台数について、EさんとKさんはどちらが優れているかを下記のグラフで調べなさい。

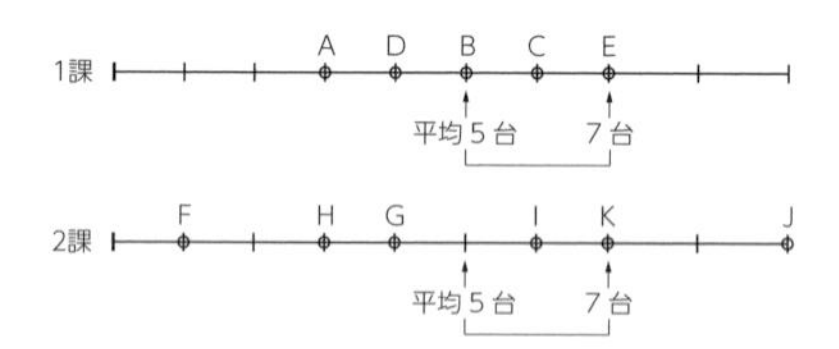

問題2　商品1と商品2の販売台数両方について、AさんとHさんはどちらが優れているかを下記のグラフで調べなさい。

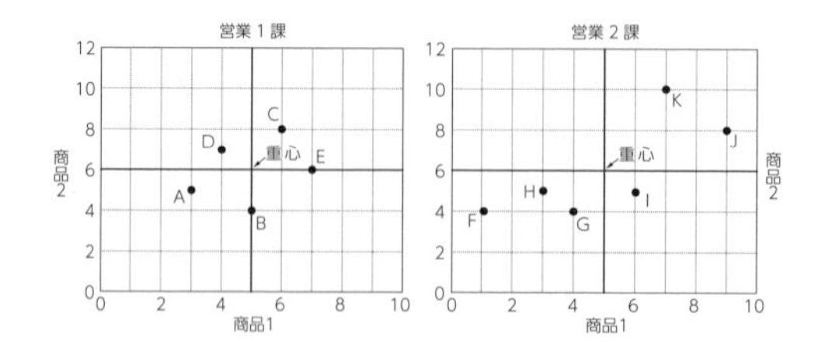

タグチメソッドで、個体間の距離を適用します。

タグチメソッドの説明に入る前に、距離について解説します。

測定した個体間の距離を測定する方法はいろいろありますが、代表的なものにユークリッド距離とマハラノビス汎距離があります。

例題 10-1 を使って、それぞれの距離を求めてみます。

10.2 ユークリッド距離とは

われわれが普段使っている距離は、**ユークリッド距離**といい、次のように計算されます。

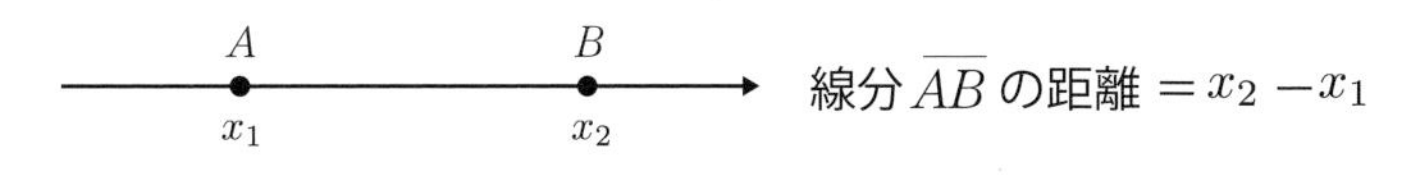

図 10.1　1 変数上の距離

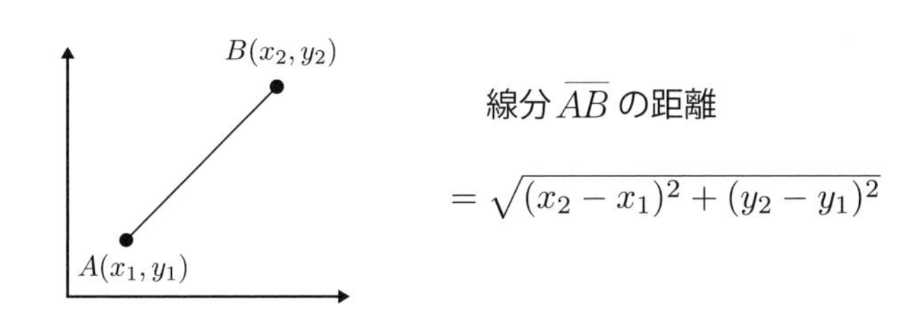

図 10.2　2 変数（平面）上の距離

10.3 ユークリッド距離の計算方法

1変数上の距離

例題10-1の問題1で、EさんとKさんの商品1の販売成績を比較し、どちらが優れているかを調べます。

評価は、各人の販売台数と平均販売台数との距離で行います。

Eさん　　距離＝販売台数－平均販売台数＝7－5＝2

Kさん　　距離＝販売台数－平均販売台数＝7－5＝2

したがって、EさんとKさんの販売成績は同じです。

2変数（平面）上の距離

例題10-1の問題2で、AさんとHさんの商品1、商品2両方の販売成績を比較し、どちらが優れているかを調べます。

評価は、平面上での各人の販売台数と平均販売台数（平均の位置を**重心**という）との距離で行います。商品1をx、商品2をyとし、2点間の距離を求めます。

Aさんの座標　$(x_1, y_1) = (3, 5)$

営業1課の重心の座標　$(\bar{x}, \bar{y}) = (5, 6)$

距離　$\sqrt{(x_1 - \bar{x})^2 + (y_1 - \bar{y})^2} = \sqrt{(3-5)^2 + (5-6)^2} = \sqrt{5} = 2.236$

ルートは、Excel関数＝SQRTで求められます

Hさんの座標　$(x_1, y_1) = (3, 5)$

営業2課の重心の座標　$(\bar{x}, \bar{y}) = (5, 6)$

距離　$\sqrt{(x_1 - \bar{x})^2 + (y_1 - \bar{y})^2} = \sqrt{(3-5)^2 + (5-6)^2} = \sqrt{5} = 2.236$

したがって、AさんとHさんの販売成績は同じです。

10.4 マハラノビス汎距離とは

マハラノビス汎距離（Mahalanobis generalized distance）は、集団の中から任意の 2 つを選択し、2 点間の距離を計算する際に、**集団すべての点のバラツキと相関を考慮**して算出する方法です。

マハラノビス汎距離は、タグチメソッドや MT 法で用いられます。

◆ 1 変数上の距離

例題 10-1 の問題 1 で、E さんと K さんの商品 1 の販売成績を比較し、どちらが優れているかを調べます。

評価は、各人の販売台数と平均販売台数とのマハラノビス汎距離によって行います。

はじめに、E さんと K さんの販売台数を、基準値を用いて算出してみます。

$$基準値 = \frac{データ - 平均}{標準偏差}$$

ここで両課の販売台数の標準偏差を求めてみます。

1 課の標準偏差は下記になります。

$$偏差平方和 S = (3-5)^2 + (5-5)^2 + (6-5)^2 + (4-5)^2 + (7-5)^2 = 10$$

$$標準偏差 \sigma = \sqrt{\frac{S}{n-1}} = \sqrt{\frac{10}{4}} = \sqrt{2.5} = 1.58$$

2 課の標準偏差は下記になります。

$$偏差平方和 S = (1-5)^2 + (4-5)^2 + (3-5)^2 + (6-5)^2 + (9-5)^2 + (7-5)^2 = 42$$

$$標準偏差 \sigma = \sqrt{\frac{S}{n-1}} = \sqrt{\frac{42}{5}} = \sqrt{8.4} = 2.90$$

Eさん、Kさんの基準値を求めてみます。

Eさん $\dfrac{x-\bar{x}}{\sigma}=\dfrac{7-5}{1.58}=1.27$ **Kさん** $\dfrac{x-\bar{x}}{\sigma}=\dfrac{7-5}{2.90}=0.69$

1変数におけるマハラノビス汎距離は、基準値を2乗した値と一致することがわかっています。

Eさんのマハラノビス汎距離は、$(1.27)^2=1.61$

Kさんのマハラノビス汎距離は、$(0.69)^2=0.48$

マハラノビス汎距離は、Eさんの方がKさんより大きいことがわかりました。

営業1課の販売成績は3～7台、営業2課は1～9台と、1課の方が、バラツキが小さくなっています。バラツキの小さいところで7台販売したということに価値があると判断して、Kさんの値よりEさんの値が大きくなっているのです。

これより、Eさんの方が、Kさんより販売成績がよかったといえます。

◆ 2変数（平面）上の距離

評価は、各人の販売台数と平均販売台数（2変数以上の場合、平均のことを重心という）とのマハラノビス汎距離によって行います。

例題10-1の問題2の2変数（平面）上の距離のグラフを見てください。

Aから重心（平均販売台数）まで、Hから重心（平均販売台数）までのユークリッド距離は同じでした。

ところが平面上の各人のプロットされた点は、1課の方が、バラツキが小さくなっています。マハラノビス汎距離は、バラツキの小さい方を高く評価するので、AとHは重心までのユークリッド距離間は同じですが、HよりAの方が、距離が大きいと判断します。

Aさんのマハラノビス汎距離を計算すると 1.67

Hさんのマハラノビス汎距離を計算すると 0.51

これよりAさんの方がHさんより販売成績がよいといえます。

- バラツキが小さい → マハラノビス汎距離が大きい → 評価がよい
- バラツキが大きい → マハラノビス汎距離が小さい → 評価が悪い

10.5 マハラノビス汎距離の計算方法

平面上におけるマハラノビス汎距離の計算がどのようにされているかを解説します。

2変数の場合の統計量を1変数に対比させると次の通りです。

表 10.1 1変数と2変数の比較

	1変数 x の場合	2変数 x_1, x_2 の場合
例題	商品1の販売台数について、EさんとKさんは、どちらが優れているか ※商品1を x_1 とする	商品1と商品2の販売台数両方について、AさんとHさんのどちらが優れているか ※商品1を x_1、商品2を x_2 とする
平均	x の平均 $\bar{x}$	x_1, x_2 の平均 $(\bar{x}_1, \bar{x}_2)$
バラツキ	商品1のデータが平均値からどれくらい離れているか → 分散 x の偏差平方和 S 分散 $V = \dfrac{S}{n-1}$ 標準偏差 $\sigma = \sqrt{\dfrac{S}{n-1}}$ 標準偏差の逆数 $\dfrac{1}{\sigma}$	商品1、商品2の2つのデータ群を考慮したバラツキ → 分散・共分散 x_1, x_2 の偏差平方和・積和行列 $S = \begin{bmatrix} S_{11} & S_{12} \\ S_{21} & S_{22} \end{bmatrix}$ x_1, x_2 の分散・共分散行列 $V = \dfrac{1}{n-1}\begin{bmatrix} S_{11} & S_{12} \\ S_{21} & S_{22} \end{bmatrix} = \begin{bmatrix} V_{11} & V_{12} \\ V_{21} & V_{22} \end{bmatrix}$ V の逆行列 $V^{-1} = \begin{bmatrix} V^{11} & V^{12} \\ V^{21} & V^{22} \end{bmatrix}$ ※V の逆行列は距離の公式で使用
距離の公式	マハラノビス汎距離 $D^2 = \left(\dfrac{x-\bar{x}}{\sigma}\right)^2$	マハラノビス汎距離 D^2 =次ページ以降で解説

マハラノビス汎距離の2変数の公式について、解説します。

2変数のデータxから平均$\bar{x}$までのマハラノビス汎距離を定義するため、1変数のD^2を次のように変形してみましょう。

$$D^2=\left(\frac{x-\bar{x}}{\sigma}\right)^2=(x-\bar{x})^2(\sigma^2)^{-1}=(x-\bar{x})(\sigma^2)^{-1}(x-\bar{x})$$

注：$\dfrac{1}{A^p}$をA^{-p}と表現することがあります → 逆数

　上記式の$(\sigma^2)^{-1}$は$\dfrac{1}{(\sigma^2)^1}$を表します

変形された式の（σ^2）は、2変数において分散･共分散行列Vの逆行列です。このことから、2変数（平面）におけるマハラノビス汎距離D^2は次によって求められます。

公式

分散・共分散行列の逆行列

$$D^2=(x_1-\bar{x}_1)\times\begin{bmatrix}V^{11} & V^{12}\\ V^{21} & V^{22}\end{bmatrix}\times(x_2-\bar{x}_2)\cdots(1)$$

変形すると…

$$=(x_1-\bar{x}_1)\times V^{11}\times(x_1-\bar{x}_1)+(x_1-\bar{x}_1)\times V^{12}\times(x_2-\bar{x}_2)+$$
$$(x_2-\bar{x}_2)\times V^{21}\times(x_1-\bar{x}_1)+(x_2-\bar{x}_2)\times V^{22}\times(x_2-\bar{x}_2)$$

例題10-1の営業1課のAさんについて、重心までのマハラノビス汎距離を求めてみましょう。

表 10.2 1課のデータ

	x_1 商品1	x_2 商品2	$x_1-\bar{x}_1$	$x_2-\bar{x}_2$	$(x_1-\bar{x}_1)^2$	$(x_2-\bar{x}_2)^2$	$(x_1-\bar{x}_1)(x_2-\bar{x}_2)$
A	3	5	−2	−1	4	1	2
B	5	4	0	−2	0	4	0
C	6	8	1	2	1	4	2
D	4	7	−1	1	1	1	−1
E	7	6	2	0	4	0	0
合計	25	30	0	0	10	10	3
					S_{11}	S_{22}	S_{12}

商品1の販売平均 $\bar{x}_1=\dfrac{25}{5}=5$

商品2の販売平均 $\bar{x}_2=\dfrac{30}{5}=6$

1課の分散・共分散行列 $V=\dfrac{1}{n-1}\begin{bmatrix} S_{11} & S_{12} \\ S_{21} & S_{22} \end{bmatrix}=\begin{bmatrix} V_{11} & V_{12} \\ V_{21} & V_{22} \end{bmatrix}$

$$=\frac{1}{4}\begin{bmatrix} 10 & 3 \\ 3 & 10 \end{bmatrix}=\begin{bmatrix} 2.5 & 0.75 \\ 0.75 & 2.5 \end{bmatrix}$$

それぞれ4で割る
10÷4 = 2.5
3÷4 = 0.75

※分散・共分散行列のかけ算はExcelの関数「**MMULT**」で求めることができます

参照 211 ページ

逆行列 $V^{-1}=\begin{bmatrix} V^{11} & V^{12} \\ V^{21} & V^{22} \end{bmatrix}$ を求めます。

分散・共分散行列と逆行列をかけ算すると、次の行列が成立します。

$$\begin{bmatrix} V_{11} & V_{12} \\ V_{21} & V_{22} \end{bmatrix}\begin{bmatrix} V^{11} & V^{12} \\ V^{21} & V^{22} \end{bmatrix}=\begin{bmatrix} 1 & 0 \\ 0 & 1 \end{bmatrix}\cdots(2)$$

(2) の式を展開すると（本書では省略）、逆行列を求めることができます。

逆行列の公式は、次の通りになります。

$$\begin{bmatrix} V^{11} & V^{12} \\ V^{21} & V^{22} \end{bmatrix} = \frac{1}{V_{11}V_{22} - V_{12}V_{21}} \begin{bmatrix} V_{22} & -V_{12} \\ -V_{21} & V_{11} \end{bmatrix}$$

$$= \frac{1}{(2.5 \times 2.5) - (0.75 \times 0.75)} \begin{bmatrix} 2.5 & -0.75 \\ -0.75 & 2.5 \end{bmatrix}$$

$$= \begin{bmatrix} 0.43956 & -0.13187 \\ -0.13187 & 0.43956 \end{bmatrix}$$

ただし、$V_{11}V_{22} - V_{12}V_{21} \neq 0$ とします。

$V_{11}V_{22} - V_{12}V_{21} = 0$ のときは、逆行列は存在しません。

※逆行列は Excel の関数「**MINVERSE**」で求めることができます
参照 212 ページ

A さんのマハラノビス汎距離 D^2 を求めます。

(1) 式より

$$D^2 = (3-5) \times 0.43956 \times (3-5) + (3-5) \times (-0.13187) \times (5-6) + (5-6) \times (-0.13187) \times (3-5) + (5-6) \times 0.43956 \times (5-6)$$

$$= 1.75824 - 0.26374 - 0.26374 + 0.43956 = 1.67032$$

※マハラノビス汎距離は Excel 関数で求めることができます 参照 214 ページ

H さんのマハラノビス汎距離 D^2 を求めます。

表 10.3 2 課のデータ

	x_1 商品 1	x_2 商品 2	$x_1 - \bar{x}_1$	$x_2 - \bar{x}_2$	$(x_1 - \bar{x}_1)^2$	$(x_2 - \bar{x}_2)^2$	$(x_1 - \bar{x}_1)(x_2 - \bar{x}_2)$
F	1	4	−4	−2	16	4	8
G	4	4	−1	−2	1	4	2
H	3	5	−2	−1	4	1	2
I	6	5	1	−1	1	1	−1
J	9	8	4	2	16	4	8
K	7	10	2	4	4	16	8
合計	30	36	0	0	42	30	27
					S_{11}	S_{22}	S_{12}

商品 1 の販売平均 $\bar{x}_1 = \dfrac{30}{6} = 5$

商品 2 の販売平均 $\bar{x}_2 = \dfrac{36}{6} = 6$

2 課の分散・共分散行列

$$V = \frac{1}{n-1}\begin{bmatrix} S_{11} & S_{12} \\ S_{21} & S_{22} \end{bmatrix} = \begin{bmatrix} V_{11} & V_{12} \\ V_{21} & V_{22} \end{bmatrix}$$

$$= \frac{1}{5}\begin{bmatrix} 42 & 27 \\ 27 & 30 \end{bmatrix} = \begin{bmatrix} 8.4 & 5.4 \\ 5.4 & 6.0 \end{bmatrix}$$

それぞれ 5 で割る
42÷5 = 8.4
30÷5 = 6.0
27÷5 = 5.4

※分散・共分散行列のかけ算は Excel の関数「**MMULT**」でも求められます

逆行列

$$\begin{bmatrix} V^{11} & V^{12} \\ V^{21} & V^{22} \end{bmatrix} = \frac{1}{V_{11}V_{22} - V_{12}V_{21}}\begin{bmatrix} V_{22} & -V_{12} \\ -V_{21} & V_{11} \end{bmatrix}$$

$$= \frac{1}{(8.4 \times 6.0) - (5.4 \times 5.4)}\begin{bmatrix} 6.0 & -5.4 \\ -5.4 & 8.4 \end{bmatrix}$$

$$= \begin{bmatrix} 0.28249 & -0.25424 \\ -0.25424 & 0.39548 \end{bmatrix}$$

※逆行列は Excel の関数「**MINVERSE**」でも求められます

$$D^2 = (3-5) \times 0.28249 \times (3-5) + (3-5) \times (-0.25424) \times (5-6) +$$
$$(5-6) \times (-0.25424) \times (3-5) + (5-6) \times 0.39548 \times (5-6)$$
$$= 1.12996 - 0.50848 - 0.50848 + 0.39548 = 0.50848$$

結論

A さん、H さんのマハラノビス汎距離は、A さんが 1.67 で H さんの 0.51 を上回り、販売成績は A さんの方が優れているといえます。

10.6 マハラノビス汎距離を同じグループ内の2人で比較

これまで、異なるグループのAさんとHさんを比較しました。

同じグループに属する2人のユークリッド距離が同じであるとき、マハラノビス汎距離はどのようになるかを、次のデータで調べてみます。

表 10.4 同じグループに属するデータと散布図

	x_1	x_2
A	2	1
B	2	6
C	3	2
D	3	3
E	4	3
F	4	5
G	5	4
H	5	5
I	6	5
J	6	6
平均	4	4

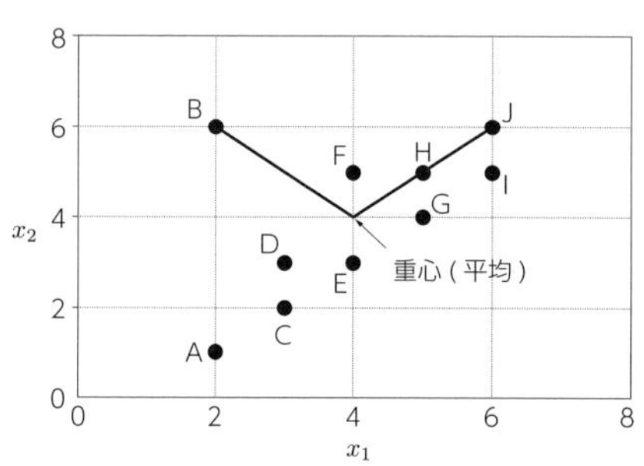

BさんとJさんの重心までのユークリッド距離を求めてみます。

Bさんは　$\sqrt{(2-4)^2+(6-4)^2}=\sqrt{8}=2.828$

Jさんは　$\sqrt{(6-4)^2+(6-4)^2}=\sqrt{8}=2.828$

BさんとJさんの重心までのマハラノビス汎距離を求めてみます。

Bさんは　6.702

Jさんは　2.106

散布図で相関が強く、散布点から外れた位置にあるとき、マハラノビス汎距離は大きくなります。

この理由により、1人さびしく存在するBさんの値は大きく、周辺に仲間が多くいるJさんは値が小さくなっているのです。

10.7 Excel 関数による行列、逆行列、マハラノビス汎距離の計算方法

◆ 行列の求め方

行列 V を Excel 関数 「= MMULT」で行う方法を示します。

① Excel のシートに求めたい距離のデータ x_1、x_2 と偏差を入力します。

② 結果を出力するセルをカーソルですべて選択し（ここでは B11:C12)、この状態で数式バーに次を入力します。

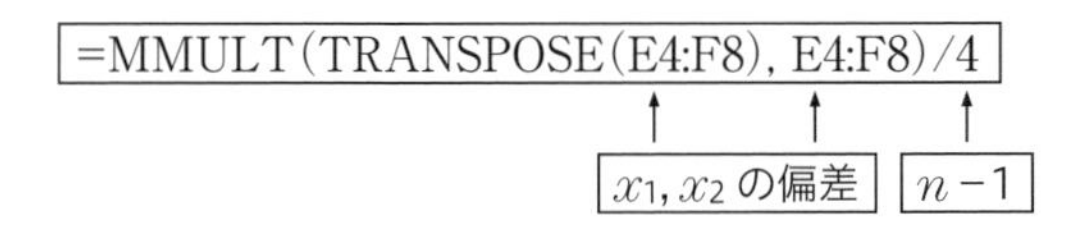

③ この状態でカーソルを数式バーにある数式の右側においたまま、Ctrl と Shift を同時に押しながら、Enter を押す。

図 10.3　分散・共分散行列の求め方

④ 結果が出力される。

11	2.5	0.75
12	0.75	2.5
13		

図 10.4　分散・共分数行列

注：Excel の分析ツールに共分散の機能がありますが、共分散を求める際の n 数が（n − 1）ではないため、ここでは使用しません

◆ 逆行列の求め方

行列 V の逆行列 V^{-1} を Excel 関数「= MINVERSE」で行う方法を示します。

① Excel のシートに行列 V のデータを入力します。

	A	B	C
1			
2	行列 V	2.5	0.75
3		0.75	2.5
4			

図 10.5　分散・共分散行列

② シート上の任意のセル（ここでは B5 のセル）に、「＝ MINVERSE」と入力し、行列 V のデータを範囲指定します。

	A	B	C	D
1				
2	行列 V	2.5	0.75	
3		0.75	2.5	
4				
5		=MINVERSE(B2:C3)		
6				

図 10.6　範囲指定

③ Enter を押すと、逆行列の行 1、列 1 の計算結果が出力されます。

	A	B	C
1			
2	行列 V	2.5	0.75
3		0.75	2.5
4			
5		0.43956	
6			

図 10.7　行 1、列 1 の逆行列の結果

④ 結果を出力するセルをすべて選択し、この状態でカーソルを数式バーにある数式の右側におきます。

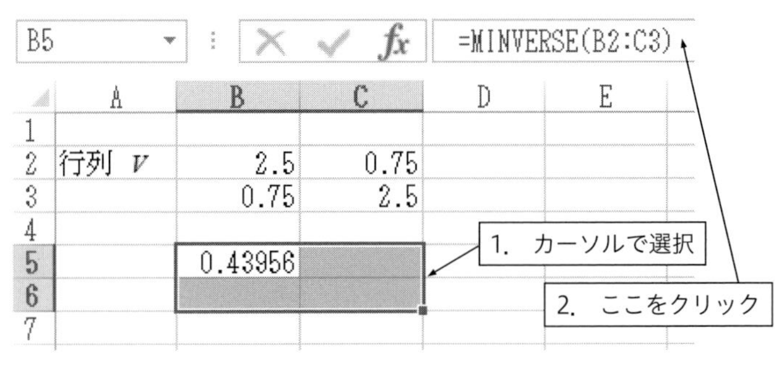

図 10.8 逆行列の範囲指定

⑤ Ctrl と Shift を同時に押しながら、Enter を押すと、範囲指定したところに計算結果が出力されます。

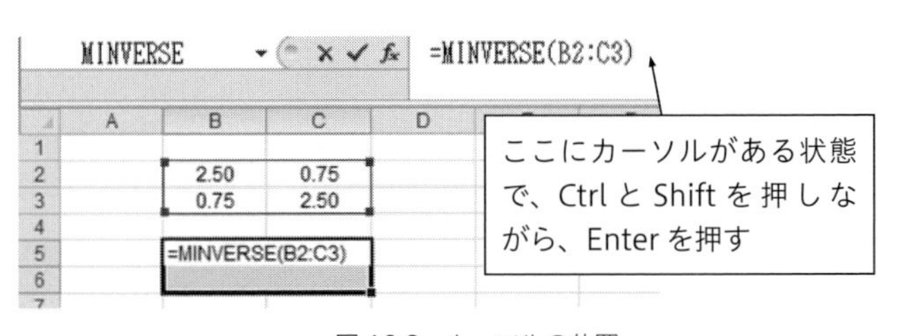

図 10.9 カーソルの位置

⑥ 計算結果が表示されました。

	A	B	C
1			
2	行列 V	2.5	0.75
3		0.75	2.5
4			
5		0.43956044	-0.13186813
6		-0.13186813	0.43956044
7			

← 計算結果

図 10.10 計算結果

◆ マハラノビス汎距離の求め方

2変数の場合のマハラノビス汎距離をExcel関数 で行う方法を示します。

① Excelのシートに求めたい距離のデータ x_1、x_2 と平均 $\bar{x}_1$、$\bar{x}_2$ と偏差を入力します。

② 逆行列を先に述べた方法で求めます。

③ シート上の任意のセル（ここではB14）をクリックし、次を入力します。

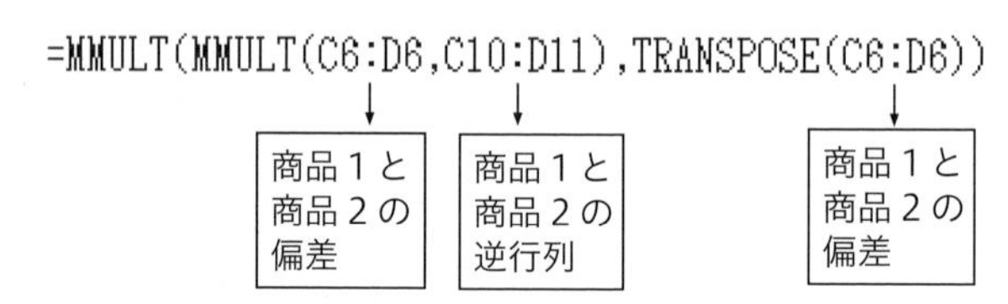

図10.11 マハラノビス汎距離のExcel関数

※ MMULTは、行列のかけ算
TRANSPOSEは、行列の縦と横を入れ替える関数

④ この状態でカーソルを数式バーにある数式の右側におき、CtrlとShiftを同時に押しながら、Enterを押す。結果（1.67）が出力される。

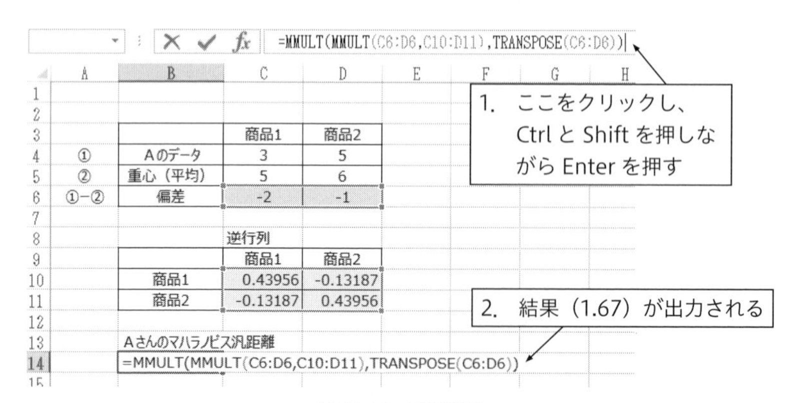

図10.12 計算結果

第11章

SN比

11.1 SN比の例題

例題 11-1

鈴木さんと佐藤さんはゴルフ仲間で、よきライバル関係にあります。
下記は最近10試合のスコアです。2人の成績を評価してください。

	鈴木	佐藤
1	89	87
2	91	88
3	86	89
4	88	90
5	94	88
6	86	89
7	87	87
8	84	87
9	83	88
10	82	87
平均	87.0	88.0
標準偏差	3.7	1.1

11.2 SN比とは

SN比は、タグチメソッドでバラツキを見る場合に用います。

例題11-1のスコア平均を見ると鈴木さんは87、佐藤さんは88で実力は拮抗しています。スコアのバラツキを見ると、鈴木さんは82～94とスコアが安定していません。佐藤さんは87～90で安定しています。

バラツキを見る尺度として標準偏差がよく用いられます。標準偏差を見ると、鈴木さんは 3.7、佐藤さんは 1.1 で、鈴木さんより佐藤さんのバラツキが小さいことがわかります。

タグチメソッドでバラツキを見る場合は、標準偏差でなく**SN 比**を適用します。

SN 比の S は Signal、信号（入力）です。品質工学における信号とは、技術の働きで蓄積される有効性だと考えています。

N は Noise、ノイズ（雑音）です。ノイズとは送られた信号に対し、出力として有効に働かなかった有害性と考えます。

（例）シャープペンシルの芯を 0.05mm に設定　→ 信号（S）　＜入力＞
　　　何らかの原因で、設定通りにならない　→ ノイズ（N）＜出力＞

S は信号なので大きいほどよく、N はノイズなので小さいほどよいといえます。

この S と N の比を SN 比といいます。

SN 比の単位はデシベル［db］を使います。

SN 比は大きいほどバラツキが小さい、すなわち、安定しているということです。

SN 比には様々な種類があります。

表 11.1　SN 比の種類

<table>
<tr><td rowspan="4">静特性</td><td colspan="2">目標値を持つ特性</td></tr>
<tr><td>望大特性</td><td>大きい値が望ましい特性</td></tr>
<tr><td>望小特性</td><td>小さい値が望ましい特性</td></tr>
<tr><td>望目特性</td><td>目標値に近いのが望ましい特性</td></tr>
<tr><td>動特性</td><td colspan="2">入力に応じて出力値が変化する特性</td></tr>
</table>

ここでは次の 2 つを解説します。

1. 望大特性
2. 望目特性

11.3 望大特性

世の中には、「品質検査合格数」「売上金額」など、値が大きいほど素晴らしいとされるものが存在します。すなわち、値が大きいほど望ましいとされるものが存在します。それらのSN比を算出する際に用いるのが、**望大特性**のSN比です。

公式

望大特性のSN比

$$-10\log_{10}\left[\frac{1}{n}\times\left(\frac{1}{{D_1}^2}+\cdots+\frac{1}{{D_n}^2}\right)\right]$$ n… データの個数　D_n… データ

※対数には、自然対数と常用対数があり、ここでは常用対数の$\log_{10}$を適用します

例題11-1はゴルフスコアです。ゴルフスコアは値が小さい方がよいので望大特性の適用は好ましくありませんが、計算の仕方を説明するために求めます。

《鈴木さんのSN比》

1. $\frac{1}{D^2}$を求める

   Excel関数 　= 1/D^2　 ※Dは、1試合ごとのスコア

2. 1から10試合の$\frac{1}{D^2}$を合計する
3. (2)の合計をn数で割る
4. Excel関数 　= -10*LOG ((3)の値)

鈴木さんのSN比は、38.769824となります。同様の手順で佐藤さんのSN比も求めます。

表 11.2 望大特性の SN 比の計算手順

	鈴木 D_1	佐藤 D_2	鈴木 Excel 関数	鈴木 (1) $1/D^2$	佐藤 Excel 関数	佐藤 (1) $1/D^2$
1	89	87	=1/89^2	0.000126	=1/87^2	0.000132
2	91	88	=1/91^2	0.000121	=1/88^2	0.000129
3	86	89	=1/86^2	0.000135	=1/89^2	0.000126
4	88	90	=1/88^2	0.000129	=1/90^2	0.000123
5	94	88	=1/94^2	0.000113	=1/88^2	0.000129
6	86	89	=1/86^2	0.000135	=1/89^2	0.000126
7	87	87	=1/87^2	0.000132	=1/87^2	0.000132
8	84	87	=1/84^2	0.000142	=1/87^2	0.000132
9	83	88	=1/83^2	0.000145	=1/88^2	0.000129
10	82	87	=1/82^2	0.000149	=1/87^2	0.000132
			(2) 合計	0.001327		0.001292
			(3) 合計 /n	0.000133		0.000129
			(4) 望大特性の SN 比	38.769824		38.887986

Excel 関数 = -10*LOG ((3))

佐藤さんの SN 比は 38.89 で、鈴木さんの SN 比 38.77 を上回っています。SN 比は、値が大きいほどバラツキが小さい、すなわち、安定しています。よって、ゴルフは佐藤さんの方が鈴木さんより安定しているといえます。

11.4 望目特性

世の中には、「工場で製造されるシャープペンシルの芯の直径」「ゴルフ理想スコア」など、値が「具体的なある値」に近いほど素晴らしいとされるものが存在します。すなわち値が目指す値に近いほど望ましいとされるものが存在します。それらの SN 比を算出する際に用いるのが、**望目特性**の SN 比です。

公式

望目特性の SN 比

$$10\log_{10}\left(\frac{(\bar{D})^2}{V_e}-\frac{1}{n}\right)$$

$\bar{D}$ … データの平均　V_e … 分散　n … データの個数

例題11-1について、望目特性のSN比を求めます。

下記1から6に示すExcel関数を用いて、鈴木さん、佐藤さん、それぞれを算出します。

表11.3 望目特性のSN比の計算手順

		鈴木	佐藤	Excel関数
	1	89	87	
	2	91	88	
	3	86	89	
	4	88	90	
	5	94	88	
	6	86	89	
	7	87	87	
	8	84	87	
	9	83	88	
	10	82	87	
(1)	平均	87	88	= AVERAGE（10試合の平均）
(2)	平均の2乗 $(\bar{D})^2$	7569	7744	= (1)^2
(3)	分散 V_e	13.556	1.111	= VAR（10試合の分散）
(4)	$(\bar{D})^2/V_e$	558	6970	= (2)/(3)
(5)	$(\bar{D})^2/V_e - 1/n$	558	6970	= (4)-1/10
(6)	望目特性のSN比	27.47	38.43	= 10*LOG((5))

SN比は佐藤さんが38.43で鈴木さんの27.47を上回っています。

SN比は、値が大きいほどバラツキが小さい、すなわち、安定しています。

よって、ゴルフは佐藤さんの方が鈴木さんより安定しているといえます。

第12章

MT法

12.1 MT法の例題

例題 12-1

食生活や運動の仕方に問題があると診断された不健康グループ5人と特に問題がない15人について、食生活や生活態度の自己評価アンケートを実施しました。

下記は健康有無と自己評価得点（100点満点）を示したものです。

このデータを分析し、健康有無を判別する基準を作ってください。

作成した基準に基づき、Wさんの自己評価得点から、Wさんは健康グループか不健康グループどちらに属するかを判定してください。

	健康有無	評価1	評価2	評価3	評価4	評価5	評価6
A	健康	61	68	74	76	74	79
B	健康	53	58	59	66	67	72
C	健康	84	80	83	88	94	99
D	健康	66	74	77	82	85	84
E	健康	40	38	50	47	51	66
F	健康	53	59	65	70	68	72
G	健康	61	73	75	76	79	81
H	健康	65	74	76	77	84	83
I	健康	57	65	68	74	70	75
J	健康	69	75	79	83	91	90
K	健康	59	67	70	74	71	77
L	健康	83	82	96	88	94	100
M	健康	43	43	52	50	64	67
N	健康	55	62	70	73	69	75
O	健康	51	57	56	56	64	65
P	不健康	53	60	52	57	53	66
Q	不健康	77	72	76	81	79	88
R	不健康	46	52	61	63	63	61
S	不健康	68	76	88	82	80	93
T	不健康	49	53	58	55	48	63
W	**?**	**66**	**70**	**74**	**75**	**72**	**80**

12.2 MT 法とは

例題 12-1 の目的を解決してくれるのが MT 法です。

予測したい変数、この例では健康有無を**目的変数（従属変数）**といいます。

目的変数に影響を及ぼす変数、この例では自己評価得点を**説明変数（独立変数）**といいます。

MT 法で適用できるデータは、目的変数は 2 群のカテゴリーデータ、説明変数は**数量データ**です。

MT 法は説明変数のデータが与えられたとき、データ情報から目的変数のどちらの群に属するかを明らかにする判別の解析方法です。

（例）
- 学校、進学塾、会社などに合格できるか否か
- ある疾患のおそれがあるか否か
- 検査結果からその製品は不良品か否か
- その企業の経営状態は健全か否か

「MT 法」の名称における「M」と「T」は、それぞれ「マハラノビス汎距離」と「タグチメソッド」を意味しています。

判別の多変量解析として、線形判別分析、ロジスティック回帰分析、数量化 2 類がありますが、MT 法はこれらの多変量解析と異なった判別をします。

例えば、健康であるかどうかを判別するのが分析の目的だったとします。

判別分析の場合は、

- 健康である人々は類似している。つまり集団とみなせる
- 健康でない人々も類似している。つまり集団とみなせる

を前提で分析を行います。

MT 法の場合は、

- 健康である人々は類似している。つまり集団とみなせる
- 健康でない人々は各々の状態が千差万別であり、類似していない。つまり集団とはみなせない

を前提で分析を行います。

下図で雰囲気をつかんでください。

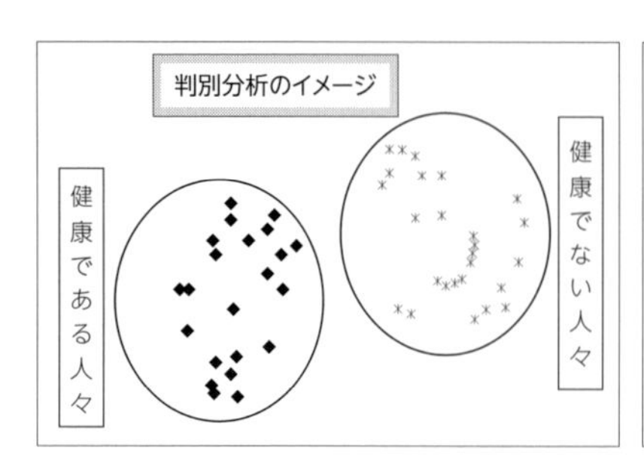

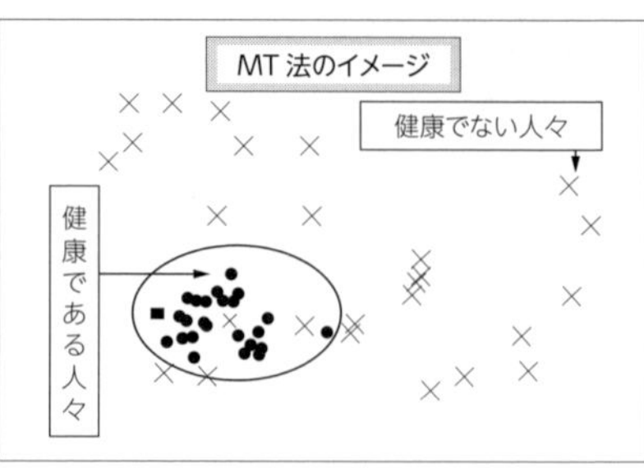

図12.1　判別のイメージ

例を示します。

下表は、健康と診断された5人と不健康と診断された5人の飲酒日数と喫煙本数を示したものです。

Wさんは健康か不健康か、どちらに属するかを判定してください。

表12.1　データ

患者	健康有無	飲酒日数	喫煙本数
1	健康	10	6
2	健康	15	2
3	健康	5	6
4	健康	5	10
5	健康	15	18
6	不健康	15	14
7	不健康	20	30
8	不健康	10	22
9	不健康	25	26
10	不健康	20	14
W	?	30	40
		日/1カ月	本/1日

◆ 判別分析で解析を行った場合

線形判別分析を行うと、次の関係式が導かれます。

$$y = (-0.2 \times \text{飲酒日数}) + (-0.25 \times \text{喫煙本数}) + 6.5$$

W さんの判別得点を計算すると次となります。

$$y = (-0.2 \times 30) + (-0.25 \times 40) + 6.5 = -6 - 10 + 6.5 < 0$$

判別分析は、判別得点がプラスかマイナスかにより判別を行うので、W さんは判別得点がマイナスより、不健康群の可能性があると判定されます。

◆ MT 法で解析を行った場合

左記データに MT 法を行っても、判別分析のような関係式は算出されません。

喫煙本数を縦軸、飲酒日数を横軸にとり、10 人及び W さんの点グラフを描きます。健康群の飲酒日数、喫煙本数の平均値（重心）を点グラフにプロットします。11 人すべての人の重心までの距離を調べます。W さんの距離が健康群の人々との距離を上回っていれば、W さんは不健康群と判断します。

下図は考え方を示したもので、実際の MT 法では、マハラノビス汎距離を適用し判断します。そして計算過程で、第 11 章で説明した SN 比を用います。

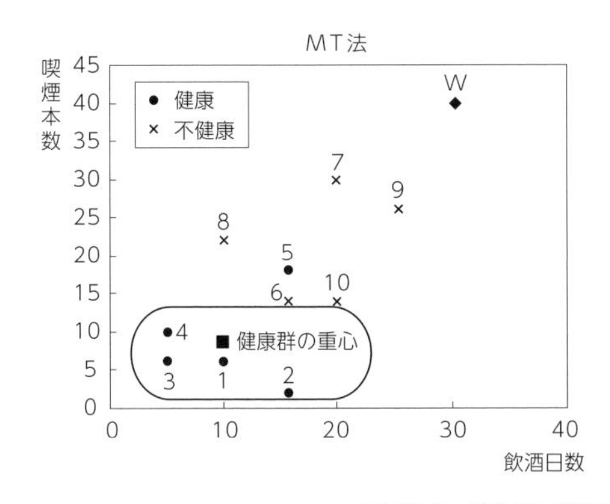

患者	健康有無	飲酒日数	喫煙本数
1	健康	10	6
2	健康	15	2
3	健康	5	6
4	健康	5	10
5	健康	15	18
健康群の重心		10	8.4

図 12.2　MT 法で解析を行った場合

W さんは、マハラノビス汎距離が健康群の人々との距離を上回っているので、不健康群の可能性があると判定されます。

12.3 MT法の計算方法

MT法の計算手順を例題12-1で解説します。

① 例題12-1の健康群のデータを基準化します。

基準値＝(データ－平均)÷標準偏差

※ 基準値算出に用いる標準偏差の分母は、「n － 1」ではなく「n」とします

表12.2　健康群の平均・標準偏差

	評価1	評価2	評価3	評価4	評価5	評価6
平均	60.0	65.0	70.0	72.0	75.0	79.0
標準偏差	12.0	12.2	11.9	12.1	12.1	10.5

健康群の基準値データを**単位空間**と呼びます。

表12.3　健康群の単位空間

	評価1	評価2	評価3	評価4	評価5	評価6
A	0.08	0.25	0.34	0.33	−0.08	0.00
B	−0.58	−0.57	−0.92	−0.49	−0.66	−0.67
C	2.00	1.23	1.09	1.32	1.57	1.91
D	0.50	0.74	0.59	0.82	0.83	0.48
E	−1.67	−2.22	−1.68	−2.06	−1.99	−1.24
F	−0.58	−0.49	−0.42	−0.16	−0.58	−0.67
G	0.08	0.66	0.42	0.33	0.33	0.19
H	0.42	0.74	0.50	0.41	0.75	0.38
I	−0.25	0.00	−0.17	0.16	−0.41	−0.38
J	0.75	0.82	0.76	0.91	1.33	1.05
K	−0.08	0.16	0.00	0.16	−0.33	−0.19
L	1.92	1.40	2.19	1.32	1.57	2.00
M	−1.42	−1.81	−1.51	−1.81	−0.91	−1.14
N	−0.42	−0.25	0.00	0.08	−0.50	−0.38
O	−0.75	−0.66	−1.18	−1.32	−0.91	−1.33
平均	0.00	0.00	0.00	0.00	0.00	0.00
標準偏差	1.00	1.00	1.00	1.00	1.00	1.00

どの評価も平均値は0、標準偏差は1となります。

※標準偏差が0（その項目のデータがすべて同一）の場合、基準化はできません

② 不健康群のデータを①と同様に基準化します。

ただし、**基準値計算に適用する平均と標準偏差は、健康群から算出したもの**とします。不健康群の基準値データを信号空間ともいいます。

表 12.4 不健康群のデータ

不健康群	評価 1	評価 2	評価 3	評価 4	評価 5	評価 6
P	53	60	52	57	53	66
Q	77	72	76	81	79	88
R	46	52	61	63	63	61
S	68	76	88	82	80	93
T	49	53	58	55	48	63

表 12.2 再掲 健康群の平均・標準偏差

健康群	評価 1	評価 2	評価 3	評価 4	評価 5	評価 6
平均	60.0	65.0	70.0	72.0	75.0	79.0
標準偏差	12.0	12.2	11.9	12.1	12.1	10.5

表 12.5 不健康群の基準値

不健康群	評価 1	評価 2	評価 3	評価 4	評価 5	評価 6
P	−0.58	−0.41	−1.51	−1.24	−1.82	−1.24
Q	1.42	0.57	0.50	0.74	0.33	0.86
R	−1.17	−1.07	−0.76	−0.74	−0.99	−1.72
S	0.67	0.90	1.51	0.82	0.41	1.33
T	−0.92	−0.99	−1.01	−1.40	−2.24	−1.53

※本書の解析結果の数値は、Excel で計算した表示です

見た目の表示は、四捨五入された値ですが、計算過程では四捨五入されないまま算出しています。よって、本書の数値表示をもとに手計算で四則演算した場合、若干、小数点や下桁の値に誤差が生じる場合があります

③ 健康群の単位空間（基準値データ）で、マハラノビス汎距離を求めます。

表 12.6 健康群のマハラノビス汎距離

A	0.246
B	0.495
C	1.899
D	0.430
E	1.808
F	0.713
G	1.229
H	0.498
I	0.352
J	0.977
K	0.382
L	1.927
M	1.541
N	0.583
O	1.918

《マハラノビス汎距離の求め方》

1. 分散共分散行列を求める
2. 逆行列を求める
3. 求めたいマハラノビス汎距離の基準値データと逆行列を公式に当てはめ、算出する

MT法におけるマハラノビス汎距離計算方法の注意

- 分散共分散行列の分母は「$n-1$」ではなく「n」
- 求められたマハラノビス汎距離を変数の個数で割った値とする。この場合、マハラノビス汎距離÷評価項目数6

※マハラノビス汎距離はExcelの関数で求めることができます 参照 238ページ

マハラノビス汎距離が大きい人がいたら、その人を除外します。

なお「大きい」とは具体的にどれくらいを指すかの統計学的基準はありません。この解析では除外しません。

④ 不健康群の信号空間（基準値データ）で、マハラノビス汎距離を求めます。

ただし、マハラノビス汎距離の計算に適用する分散共分散行列と逆行列は、**健康群の単位空間データ**を適用します。

表 12.7 不健康群のマハラノビス汎距離

P	8.751
Q	3.376
R	7.678
S	5.743
T	4.650

③、④で求めたマハラノビス汎距離は、健康群（単位空間）の重心からの距離です。

次に、W さんのマハラノビス汎距離を求め、W さんの距離が健康群の人々との距離を上回っているかどうか調べます。距離が上回っていれば不健康群と判別します。

ただし、W さんの判別をする前に、マハラノビス汎距離で適用した不健康群の評価 1 から評価 6 の項目がこの分析に適しているかどうかを確認する必要があります。評価項目の中に適していない項目があると、予測や判別の精度が落ちるからです。確認する方法は、直交表を適用します。評価項目を直交表に割り付け、水準 1 → 評価項目を用いる、水準 2 → 評価項目を用いないとして、組み合わせ数だけのマハラノビス汎距離を求め、望大特性の SN 比を計算し、評価項目の選択を行います。

⑤ 直交表を用意します。

すべて 2 水準で、評価項目数が 6 より、直交表は $L_8(2^7)$ 型を適用します。

表 12.8　直交表 $L_8(2^7)$ 型

	[1]	[2]	[3]	[4]	[5]	[6]	[7]
1	1	1	1	1	1	1	1
2	1	1	1	2	2	2	2
3	1	2	2	1	1	2	2
4	1	2	2	2	2	1	1
5	2	1	2	1	2	1	2
6	2	1	2	2	1	2	1
7	2	2	1	1	2	2	1
8	2	2	1	2	1	1	2

評価項目数は 6、直交表 $L_8(2^7)$ 型の列数は 7 です。両者には 1 列の差があるので、$L_8(2^7)$ 型における 7 列目を削除します。

7 列目を削除した直交表で「1」を「○」、「2」を「×」に置換します。

そして、最上行の 1 ～ 6 の名称を、評価 1 ～評価 6 とします。

表 12.9　評価項目 6 個の直交表

	評価 1	評価 2	評価 3	評価 4	評価 5	評価 6
1	○	○	○	○	○	○
2	○	○	○	×	×	×
3	○	×	×	○	○	×
4	○	×	×	×	×	○
5	×	○	×	○	×	○
6	×	○	×	×	○	×
7	×	×	○	○	×	×
8	×	×	○	×	○	○

⑥ 直交表を用いた不健康群のマハラノビス汎距離を求めます。

（例）行 1 のマハラノビス汎距離は、直交表で○が付いている評価 1 から評価 6 の不健康群の基準値データを適用し、求めます。
なお、行 1 は既に手順 4 で、求めているので結果をコピーします。
行 8 のマハラノビス汎距離は、直交表で○が付いている評価 3 と評価 5、評価 6 の基準値データのみ適用し、求めます。

表 12.10　直交表を用いたマハラノビス汎距離

	評価 1	評価 2	評価 3	評価 4	評価 5	評価 6	P	Q	R	S	T
1	○	○	○	○	○	○	8.8	3.4	7.7	5.7	4.6
2	○	○	○	×	×	×	4.8	3.1	1.0	2.8	0.4
3	○	×	×	○	○	×	6.0	4.5	0.7	0.5	7.0
4	○	×	×	×	×	○	4.6	3.7	4.0	4.8	4.3
5	×	○	×	○	×	○	4.0	0.4	2.4	0.8	1.6
6	×	○	×	×	○	×	8.0	0.3	0.6	1.1	7.1
7	×	×	○	○	×	×	1.3	0.5	0.3	3.0	1.5
8	×	×	○	×	○	○	2.0	1.1	3.9	3.9	4.3

評価 3、評価 5、評価 6 の 3 個で作られる重心から P までのマハラノビス汎距離

⑦ ⑥で求めたマハラノビス汎距離を特性値とし、SN 比を求めます。

ここでは評価が高いことが望ましいので SN 比は望大特性を適用します。評価 1 から評価 6 のマハラノビス汎距離を行ごとに計算します。

表 12.11　SN 比

	評価 1	評価 2	評価 3	評価 4	評価 5	評価 6	P	Q	R	S	T	SN 比
1	○	○	○	○	○	○	8.8	3.4	7.7	5.7	4.6	7.31
2	○	○	○	×	×	×	4.8	3.1	1.0	2.8	0.4	0.21
3	○	×	×	○	○	×	6.0	4.5	0.7	0.5	7.0	1.13
4	○	×	×	×	×	○	4.6	3.7	4.0	4.8	4.3	6.29
5	×	○	×	○	×	○	4.0	0.4	2.4	0.8	1.6	−0.07
6	×	○	×	×	○	×	8.0	0.3	0.6	1.1	7.1	−0.80
7	×	×	○	○	×	×	1.3	0.5	0.3	3.0	1.5	−1.65
8	×	×	○	×	○	○	2.0	1.1	3.9	3.9	4.3	3.75

（例）

評価 3、評価 5、評価 6 の 3 個で作られる 5 人のマハラノビス汎距離を D_1^2、D_2^2、D_3^2、D_4^2、D_5^2とする。

$$-10\log_{10}\left[\frac{1}{n}\times\left(\frac{1}{D_1{}^2}+\frac{1}{D_2{}^2}+\cdots+\frac{1}{D_n{}^2}\right)\right]$$

$$-10\log_{10}\left[\frac{1}{5}\times\left(\frac{1}{2.0}+\frac{1}{1.1}+\frac{1}{3.9}+\frac{1}{3.9}+\frac{1}{4.3}\right)\right]=3.75$$

※マハラノビス汎距離の値がD^2になっているため、公式に代入する値は上表の値をそのまま当てはめます

⑧ ○ × 別の SN 比及び SN 比の差を算出します。

表 12.12　SN 比の差

SN 比

	評価 1	評価 2	評価 3	評価 4	評価 5	評価 6
○	3.73	1.66	2.40	1.68	2.85	4.32
×	0.30	2.38	1.64	2.36	1.19	−0.28
SN 比の差	3.43	−0.72	0.76	−0.68	1.65	4.60

(例)

行	評価 2	SN 比
1	○	7.31
2	○	0.21
3	×	1.13
4	×	6.29
5	○	−0.07
6	○	−0.80
7	×	−1.65
8	×	3.75

○の付いた 4 つの平均　1.66

× の付いた 4 つの平均　2.38

「SN 比の差」について解釈します。

「SN 比の差」の値がプラスならば、その変数を用いないよりも用いた方がマハラノビス汎距離の SN 比が大きくなるといえます。つまりマハラノビス汎距離の「散らばりの程度」が小さくなるといえます。

「SN 比の差」の値が 0 に近ければ、その変数を用いなくても用いてもマハラノビス汎距離の SN 比は、たいして変化しないといえます。つまりその変数はあってもなくてもどちらでもよいということです。

「SN 比の差」の値がマイナスならば、その変数を用いないよりも用いた方がマハラノビス汎距離の SN 比が小さくなるといえます。つまりマハラノビス汎距離の「散らばりの程度」が大きくなるといえます。

MT 法では、「SN 比の差」の値がプラスであるほど、つまりその変数を用いないよりも用いた方がマハラノビス汎距離の「散らばりの程度」が小さくなり、有用な変数だと解釈します。

表 12.13　SN 比の解釈

SN 比の差		変数を用いると	散らばり		MT 法での変数
＋の値	→	SN 比が大きくなる	小さくなる	→	有用
0 に近い	→	変化しない	変化しない	→	どちらでも
−の値	→	SN 比が小さくなる	大きくなる	→	使わない

⑨ 有用と思われた変数をもとに新たな単位空間を作成します。

⑧の結果から、4 個の評価項目を有用と判断しました。

表 12.14 SN 比の降順

	評価 6	評価 1	評価 5	評価 3	評価 4	評価 2
SN 比の差	4.60	3.43	1.65	0.76	−0.68	−0.72

表 12.15 新たな単位空間

データ

	評価 6	評価 1	評価 5	評価 3
A	79.0	61.0	74.0	74.0
B	72.0	53.0	67.0	59.0
C	99.0	84.0	94.0	83.0
D	84.0	66.0	85.0	77.0
E	66.0	40.0	51.0	50.0
F	72.0	53.0	68.0	65.0
G	81.0	61.0	79.0	75.0
H	83.0	65.0	84.0	76.0
I	75.0	57.0	70.0	68.0
J	90.0	69.0	91.0	79.0
K	77.0	59.0	71.0	70.0
L	100.0	83.0	94.0	96.0
M	67.0	43.0	64.0	52.0
N	75.0	55.0	69.0	70.0
O	65.0	51.0	64.0	56.0
平均	79.0	60.0	75.0	70.0
標準偏差	10.5	12.0	12.1	11.9

新たな単位空間

	評価 6	評価 1	評価 5	評価 3
A	0.00	0.08	−0.08	0.34
B	−0.67	−0.58	−0.66	−0.92
C	1.91	2.00	1.57	1.09
D	0.48	0.50	0.83	0.59
E	−1.24	−1.67	−1.99	−1.68
F	−0.67	−0.58	−0.58	−0.42
G	0.19	0.08	0.33	0.42
H	0.38	0.42	0.75	0.50
I	−0.38	−0.25	−0.41	−0.17
J	1.05	0.75	1.33	0.76
K	−0.19	−0.08	−0.33	0.00
L	2.00	1.92	1.57	2.19
M	−1.14	−1.42	−0.91	−1.51
N	−0.38	−0.42	−0.50	0.00
O	−1.33	−0.75	−0.91	−1.18
平均	0.00	0.00	0.00	0.00
標準偏差	1.00	1.00	1.00	1.00

⑩ 新たな単位空間のマハラノビス汎距離を③の方法で求めます。

表 12.16 新たな単位空間のマハラノビス汎距離

マハラノビス汎距離			
A	0.346	I	0.207
B	0.419	J	1.381
C	2.752	K	0.254
D	0.457	L	1.655
E	2.495	M	1.413
F	0.213	N	0.518
G	0.369	O	2.075
H	0.446		

→ 最大値 2.752

⑪ 新たな単位空間における平均と標準偏差を使い、W さんの基準値を算出します。

表 12.17 新たな単位空間の平均と標準偏差

	評価 6	評価 1	評価 5	評価 3
平均	79.0	60.0	75.0	70.0
標準偏差	10.5	12.0	12.1	11.9

W	評価 6	評価 1	評価 5	評価 3
データ	80	66	72	74
基準値	0.095	0.501	−0.249	0.336

⑫ 新たな単位空間における重心から W さんまでのマハラノビス汎距離を求めます。重心から W さんまでのマハラノビス汎距離は 1.787 です。

⑬ 分析者が定める基準の値よりも⑫で求めた値が大きければ、その人は不健康群と判定します。
いくつ以上という統計学的基準はありませんが、筆者は⑩で求めたマハラノビス汎距離の最大値、あるいは定数 3 より大きければ「不健康群」と判定します。

例題 12-1 の解答

W さんのマハラノビス汎距離が 1.787 で、A から O さんの最大値 2.752 を上回っていないため、例題 12-1 の解答は「健康群」になります。

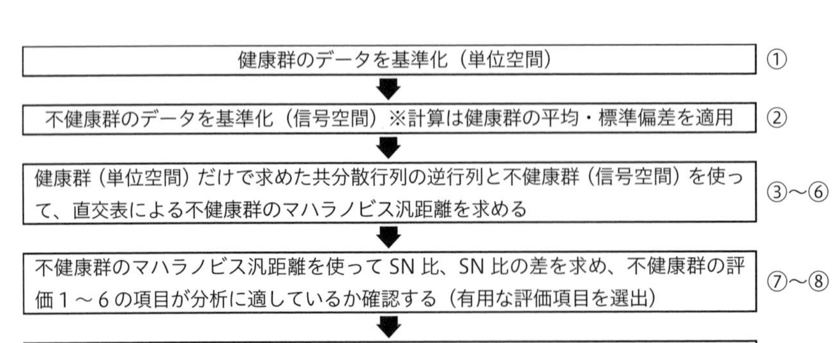

図 12.3 MT 法の計算方法のまとめ

12.4 Excel 関数を用いての演習 1

例題 12-1 について、Excel 関数を用いて判定します。

① 健康群のデータを基準化します。参照 226 ページ

基準値＝ (データ－平均) ÷標準偏差

※ 基準値算出に用いる標準偏差の分母は、「n － 1」ではなく「n」とします

Excel 関数　平均 ＝ AVERAGE　　標準偏差 ＝ STDEVP

表 12.3 再掲　健康群の単位空間

	評価 1	評価 2	評価 3	評価 4	評価 5	評価 6
A	0.08	0.25	0.34	0.33	−0.08	0.00
B	−0.58	−0.57	−0.92	−0.49	−0.66	−0.67
C	2.00	1.23	1.09	1.32	1.57	1.91
D	0.50	0.74	0.59	0.82	0.83	0.48
E	−1.67	−2.22	−1.68	−2.06	−1.99	−1.24
F	−0.58	−0.49	−0.42	−0.16	−0.58	−0.67
G	0.08	0.66	0.42	0.33	0.33	0.19
H	0.42	0.74	0.50	0.41	0.75	0.38
I	−0.25	0.00	−0.17	0.16	−0.41	−0.38
J	0.75	0.82	0.76	0.91	1.33	1.05
K	−0.08	0.16	0.00	0.16	−0.33	−0.19
L	1.92	1.40	2.19	1.32	1.57	2.00
M	−1.42	−1.81	−1.51	−1.81	−0.91	−1.14
N	−0.42	−0.25	0.00	0.08	−0.50	−0.38
O	−0.75	−0.66	−1.18	−1.32	−0.91	−1.33
平均	0.00	0.00	0.00	0.00	0.00	0.00
標準偏差	1.00	1.00	1.00	1.00	1.00	1.00

② 不健康群のデータを基準化します。参照 227 ページ

基準値計算に適用する平均と標準偏差は健康群から算出したものを適用します。

表 12.5 再掲　不健康群の基準値

不健康群	評価 1	評価 2	評価 3	評価 4	評価 5	評価 6
P	−0.58	−0.41	−1.51	−1.24	−1.82	−1.24
Q	1.42	0.57	0.50	0.74	0.33	0.86
R	−1.17	−1.07	−0.76	−0.74	−0.99	−1.72
S	0.67	0.90	1.51	0.82	0.41	1.33
T	−0.92	−0.99	−1.01	−1.40	−2.24	−1.53

③ 健康群の単位空間データで、マハラノビス汎距離を求めます。

分散共分散行列を求める

1. 任意のセルに行6×列6の表を作成する（行・列 → 項目数）
2. (1) で作成した表を範囲指定したままカーソルを数式バーへ
3. (2) の状態で下記の Excel 関数を入力し、カーソルを最後におく

= MMULT(TRANSPOSE(C5:H19), C5:H19)/15　※15は n 数

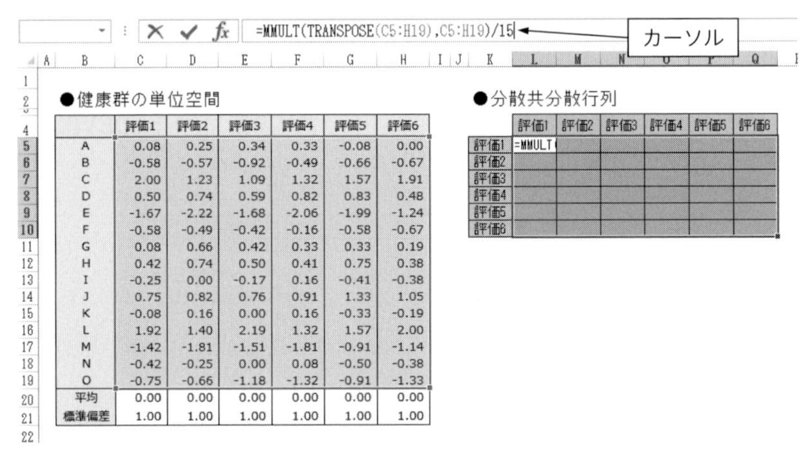

	評価1	評価2	評価3	評価4	評価5	評価6
A	0.08	0.25	0.34	0.33	-0.08	0.00
B	-0.58	-0.57	-0.92	-0.49	-0.66	-0.67
C	2.00	1.23	1.09	1.32	1.57	1.91
D	0.50	0.74	0.59	0.82	0.83	0.48
E	-1.67	-2.22	-1.68	-2.06	-1.99	-1.24
F	-0.58	-0.49	-0.42	-0.16	-0.58	-0.67
G	0.08	0.66	0.42	0.33	0.33	0.19
H	0.42	0.74	0.50	0.41	0.75	0.38
I	-0.25	0.00	-0.17	0.16	-0.41	-0.38
J	0.75	0.82	0.76	0.91	1.33	1.05
K	-0.08	0.16	0.00	0.16	-0.33	-0.19
L	1.92	1.40	2.19	1.32	1.57	2.00
M	-1.42	-1.81	-1.51	-1.81	-0.91	-1.14
N	-0.42	-0.25	0.00	0.08	-0.50	-0.38
O	-0.75	-0.66	-1.18	-1.32	-0.91	-1.33
平均	0.00	0.00	0.00	0.00	0.00	0.00
標準偏差	1.00	1.00	1.00	1.00	1.00	1.00

	評価1	評価2	評価3	評価4	評価5	評価6
評価1	=MMULT(					
評価2						
評価3						
評価4						
評価5						
評価6						

図 12.4　分散共分散行列の求め方

4. Ctrl と Shift を押しながら、Enter を押すと (2) で範囲指定したところに結果が算出される

	評価1	評価2	評価3	評価4	評価5	評価6
評価1	1	0.9329	0.9462	0.9206	0.9525	0.9743
評価2	0.9329	1	0.9441	0.9679	0.932	0.8822
評価3	0.9462	0.9441	1	0.9484	0.9244	0.9438
評価4	0.9206	0.9679	0.9484	1	0.9102	0.8957
評価5	0.9525	0.932	0.9244	0.9102	1	0.9503
評価6	0.9743	0.8822	0.9438	0.8957	0.9503	1

図 12.5　健康群の分散共分散行列

単位空間の逆行列を求める

1. 任意のセルに行6×列6の表を作成する（行・列 → 項目数）
2. (1) で作成した表を範囲指定したままカーソルを数式バーへ
3. (2) の状態で下記のExcel関数と分散共分散行列の結果を入力し、カーソルを最後におく

   = MINVERSE(L5:Q10)

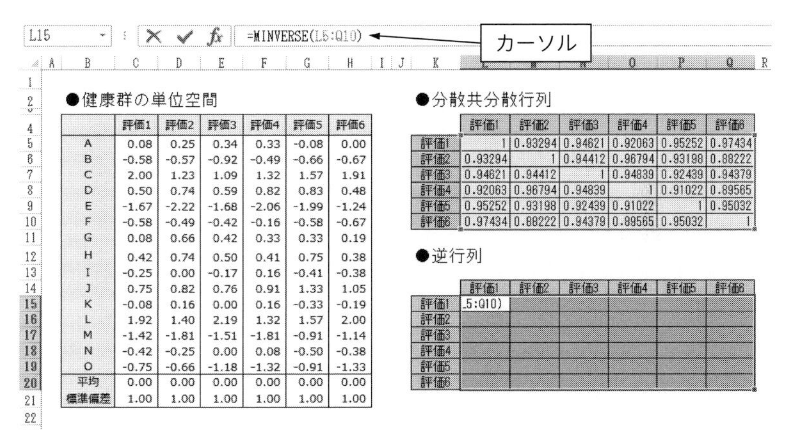

	評価1	評価2	評価3	評価4	評価5	評価6
A	0.08	0.25	0.34	0.33	-0.08	0.00
B	-0.58	-0.57	-0.92	-0.49	-0.66	-0.67
C	2.00	1.23	1.09	1.32	1.57	1.91
D	0.50	0.74	0.59	0.82	0.83	0.48
E	-1.67	-2.22	-1.68	-2.06	-1.99	-1.24
F	-0.58	-0.49	-0.42	-0.16	-0.58	-0.67
G	0.08	0.66	0.42	0.33	0.33	0.19
H	0.42	0.74	0.50	0.41	0.75	0.38
I	-0.25	0.00	-0.17	0.16	-0.41	-0.38
J	0.75	0.82	0.76	0.91	1.33	1.05
K	-0.08	0.16	0.00	0.16	-0.33	-0.19
L	1.92	1.40	2.19	1.32	1.57	2.00
M	-1.42	-1.81	-1.51	-1.81	-0.91	-1.14
N	-0.42	-0.25	0.00	0.08	-0.50	-0.38
O	-0.75	-0.66	-1.18	-1.32	-0.91	-1.33
平均	0.00	0.00	0.00	0.00	0.00	0.00
標準偏差	1.00	1.00	1.00	1.00	1.00	1.00

	評価1	評価2	評価3	評価4	評価5	評価6
評価1	1	0.93294	0.94621	0.92063	0.95252	0.97434
評価2	0.93294	1	0.94412	0.96794	0.93198	0.88222
評価3	0.94621	0.94412	1	0.94839	0.92439	0.94379
評価4	0.92063	0.96794	0.94839	1	0.91022	0.89565
評価5	0.95252	0.93198	0.92439	0.91022	1	0.95032
評価6	0.97434	0.88222	0.94379	0.89565	0.95032	1

	評価1	評価2	評価3	評価4	評価5	評価6
評価1	_5:Q10)					
評価2						
評価3						
評価4						
評価5						
評価6						

図12.6　逆行列の求め方

4. Ctrl と Shift を押しながら、Enter を押すと (2) で範囲指定したところに結果が算出される

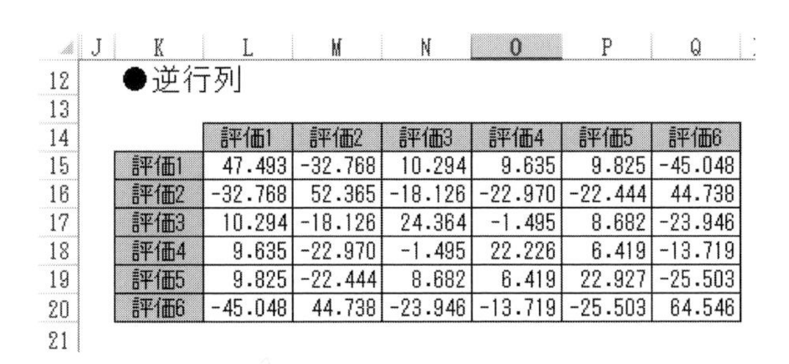

	評価1	評価2	評価3	評価4	評価5	評価6
評価1	47.493	-32.768	10.294	9.635	9.825	-45.048
評価2	-32.768	52.365	-18.126	-22.970	-22.444	44.738
評価3	10.294	-18.126	24.364	-1.495	8.682	-23.946
評価4	9.635	-22.970	-1.495	22.226	6.419	-13.719
評価5	9.825	-22.444	8.682	6.419	22.927	-25.503
評価6	-45.048	44.738	-23.946	-13.719	-25.503	64.546

図12.7　健康群の逆行列

健康群のマハラノビス汎距離を求める

求めたいマハラノビス汎距離の単位空間（基準値データ）と単位空間の逆行列を公式に当てはめ、算出する

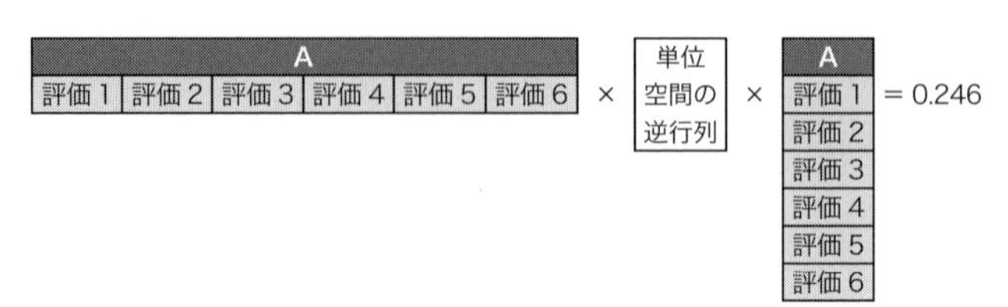

図 12.8　Aのマハラノビス汎距離を求める場合

上記の計算は、Excel 関数を適用して算出します。

1. 任意のセルをクリック
2. 下記の Excel 関数を入力　※6は評価項目の数

3. (2) の状態でカーソルを数式バーへ
4. Ctrl と Shift を押しながら、Enter を押すと「0.246」が表示される

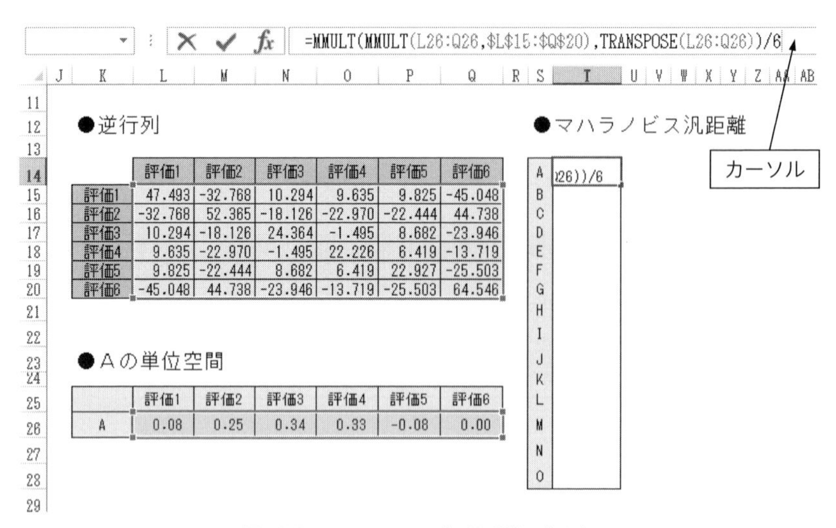

	評価1	評価2	評価3	評価4	評価5	評価6
評価1	47.493	-32.768	10.294	9.635	9.825	-45.048
評価2	-32.768	52.365	-18.126	-22.970	-22.444	44.738
評価3	10.294	-18.126	24.364	-1.495	8.682	-23.946
評価4	9.635	-22.970	-1.495	22.226	6.419	-13.719
評価5	9.825	-22.444	8.682	6.419	22.927	-25.503
評価6	-45.048	44.738	-23.946	-13.719	-25.503	64.546

	評価1	評価2	評価3	評価4	評価5	評価6
A	0.08	0.25	0.34	0.33	-0.08	0.00

図 12.9　Aのマハラノビス汎距離の求め方

④ 不健康群の基準値データで、マハラノビス汎距離を求めます。

計算方法は、③と同様です。

ただし、マハラノビス汎距離の計算に適用する分散共分散行列と逆行列は、**健康群の単位空間データ**を適用します。

《P の求め方》

1. 任意のセルをクリック
2. Excel 関数を入力　※ 6 は評価項目の数

```
= MMULT(MMULT(E12:J12,$E$4:$J$9), TRANSPOSE(E12:J12))/6
```

E12:J12 … P の信号空間　　$E$4:$J$9 … 健康群の逆行列　　E12:J12 … P の信号空間

3. (2) の状態でカーソルを数式バーへ
4. Ctrl と Shift を押しながら、Enter を押すと「8.751」が表示される

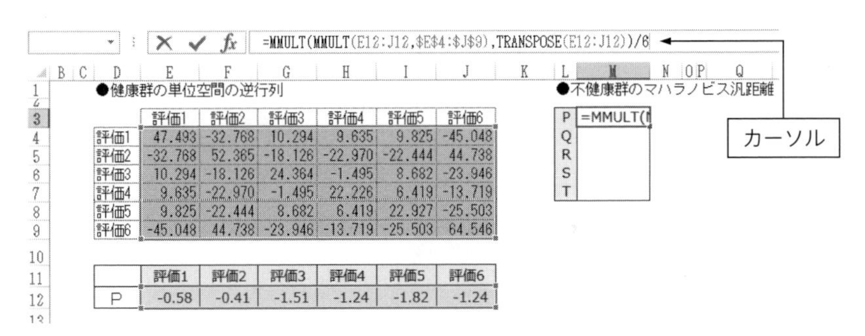

	評価1	評価2	評価3	評価4	評価5	評価6
評価1	47.493	-32.768	10.294	9.635	9.825	-45.048
評価2	-32.768	52.365	-18.126	-22.970	-22.444	44.738
評価3	10.294	-18.126	24.364	-1.495	8.682	-23.946
評価4	9.635	-22.970	-1.495	22.226	6.419	-13.719
評価5	9.825	-22.444	8.682	6.419	22.927	-25.503
評価6	-45.048	44.738	-23.946	-13.719	-25.503	64.546

	評価1	評価2	評価3	評価4	評価5	評価6
P	-0.58	-0.41	-1.51	-1.24	-1.82	-1.24

P	=MMULT(M
Q	
R	
S	
T	

図 12.10　P のマハラノビス汎距離の求め方

※ Q から T までのマハラノビス汎距離を上記 (1) ～ (4) の手順で求める

参照 結果は 228 ページ

⑤ 直交表を用意します。参照 229 ページ

⑥ 直交表を用いた不健康群のマハラノビス汎距離を求めます。

（例）行８のマハラノビス汎距離は、直交表で○がついている評価３と評価５、評価６の基準値データのみ適用し、求めます。

表 12.10 再掲　直交表を用いたマハラノビス汎距離

	評価１	評価２	評価３	評価４	評価５	評価６	P	Q	R	S	T
1	○	○	○	○	○	○	8.8	3.4	7.7	5.7	4.6
2	○	○	○	×	×	×	4.8	3.1	1.0	2.8	0.4
3	○	×	×	○	○	×	6.0	4.5	0.7	0.5	7.0
4	○	×	×	×	×	○	4.6	3.7	4.0	4.8	4.3
5	×	○	×	○	×	○	4.0	0.4	2.4	0.8	1.6
6	×	○	×	×	○	×	8.0	0.3	0.6	1.1	7.1
7	×	×	○	○	×	×	1.3	0.5	0.3	3.0	1.5
8	×	×	○	×	○	○	2.0	1.1	3.9	3.9	4.3

評価３、評価５、評価６の３個で作られる重心からPまでのマハラノビス汎距離

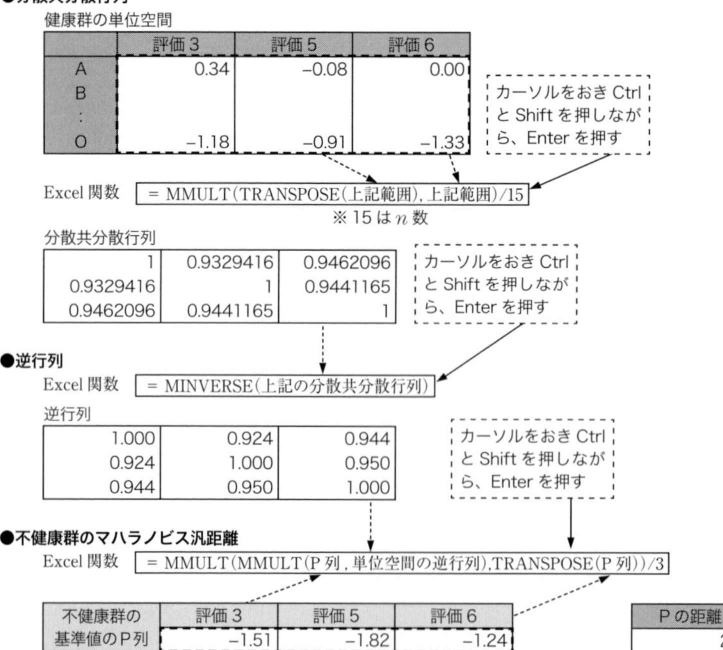

図 12.11　行８、P のマハラノビス汎距離の求め方

※残りの距離を同様の手順で１つずつ求める

⑦ ⑥で求めたマハラノビス汎距離を特性値とし、SN 比を求めます。

SN 比は望大特性を適用します。評価 1 から評価 6 のマハラノビス汎距離を行ごとに計算します。

表 12.12 再掲　SN 比

	評価 1	評価 2	評価 3	評価 4	評価 5	評価 6	P	Q	R	S	T	SN 比
1	○	○	○	○	○	○	8.8	3.4	7.7	5.7	4.6	7.31
2	○	○	○	×	×	×	4.8	3.1	1.0	2.8	0.4	0.21
3	○	×	×	○	○	×	6.0	4.5	0.7	0.5	7.0	1.13
4	○	×	×	×	×	○	4.6	3.7	4.0	4.8	4.3	6.29
5	×	○	×	○	×	○	4.0	0.4	2.4	0.8	1.6	−0.07
6	×	○	×	×	○	×	8.0	0.3	0.6	1.1	7.1	−0.80
7	×	×	○	○	×	×	1.3	0.5	0.3	3.0	1.5	−1.65
8	×	×	○	×	○	○	2.0	1.1	3.9	3.9	4.3	3.75

（例）

評価 3、評価 5、評価 6 の 3 個で作られる 5 人のマハラノビス汎距離を D_1^2、D_2^2、D_3^2、D_4^2、D_5^2とする

$$-10\log_{10}\left[\frac{1}{n}\times\left(\frac{1}{D_1^{\,2}}+\frac{1}{D_2^{\,2}}+\cdots+\frac{1}{D_n^{\,2}}\right)\right]$$

$$-10\log_{10}\left[\frac{1}{5}\times\left(\frac{1}{2.0}+\frac{1}{1.1}+\frac{1}{3.9}+\frac{1}{3.9}+\frac{1}{4.3}\right)\right]=3.75$$

※マハラノビス汎距離の値がD^2のため、公式に代入する値は 2 乗しない

表 12.18　Excel 関数での行 8 の SN 比の求め方

行 8 のデータ		Excel 関数	$1/D^2$
P	2.0	=1/P=1/2.0	0.49
Q	1.1	=1/Q=1/1.1	0.87
R	3.9	=1/R=1/3.9	0.26
S	3.9	=1/S=1/3.9	0.26
T	4.3	=1/T=1/4.3	0.23
(1) 合計		=SUM	2.11
(2) 合計 /n		=(1)/5	0.42
(3) SN 比		=-10*LOG((2))	3.75

⑧ ○×別のSN比及びSN比の差を算出します。

SN比

	評価1	評価2	評価3	評価4	評価5	評価6
○	3.73	1.66	2.40	1.68	2.85	4.32
×	0.30	2.38	1.64	2.36	1.19	−0.28
SN比の差	3.43	−0.72	0.76	−0.68	1.65	4.60

（例）

行	評価2	SN比
1	○	7.31
2	○	0.21
3	×	1.13
4	×	6.29
5	○	−0.07
6	○	−0.80
7	×	−1.65
8	×	3.75

○の付いた4つの平均　1.65

(7.31 + 0.21 + (−0.07) + (−0.80)) ÷ 4
= 1.66

×の付いた4つの平均　2.38

図12.12　○×別のSN比及びSN比の差

⑨ 有用と思われた変数をもとに新たな単位空間を作成します。

表12.14 再掲　SN比の降順

	評価6	評価1	評価5	評価3	評価4	評価2
SN比の差	4.60	3.43	1.65	0.76	−0.68	−0.72

基準値 = (データ − 平均) ÷ 標準偏差

※ 基準値算出に用いる標準偏差の分母は、「$n-1$」ではなく「n」とします

Excel関数　平均　= AVERAGE　　　標準偏差　= STDEVP

表12.17 抜粋　新たな単位空間の平均と標準偏差

	評価6	評価1	評価5	評価3
平均	79.0	60.0	75.0	70.0
標準偏差	10.5	12.0	12.1	11.9

表 12.15 再掲　新たな単位空間

	評価 6	評価 1	評価 5	評価 3
A	0.00	0.08	−0.08	0.34
B	−0.67	−0.58	−0.66	−0.92
C	1.91	2.00	1.57	1.09
D	0.48	0.50	0.83	0.59
E	−1.24	−1.67	−1.99	−1.68
F	−0.67	−0.58	−0.58	−0.42
G	0.19	0.08	0.33	0.42
H	0.38	0.42	0.75	0.50
I	−0.38	−0.25	−0.41	−0.17
J	1.05	0.75	1.33	0.76
K	−0.19	−0.08	−0.33	0.00
L	2.00	1.92	1.57	2.19
M	−1.14	−1.42	−0.91	−1.51
N	−0.38	−0.42	−0.50	0.00
O	−1.33	−0.75	−0.91	−1.18

⑩ 新たな単位空間のマハラノビス汎距離を演習手順①から③で求めます。

	マハラノビス汎距離
A	0.346
B	0.419
C	2.752
D	0.457
E	2.495
F	0.213
G	0.369
H	0.446
I	0.207
J	1.381
K	0.254
L	1.655
M	1.413
N	0.518
O	2.075

《マハラノビス汎距離の求め方》

1. 新たな単位空間の分散共分散行列を求める

1.000	0.974	0.950	0.944
0.974	1.000	0.953	0.946
0.950	0.953	1.000	0.924
0.944	0.946	0.924	1.000

2. (1) の逆行列を求める

23.454	−14.750	−4.663	−3.869
−14.750	25.140	−5.556	−4.732
−4.663	−5.556	12.341	−1.750
−3.869	−4.732	−1.750	10.747

3. 求めたいマハラノビス汎距離の基準値データと逆行列を公式に当てはめ、算出する

図 12.13　マハラノビス汎距離の求め方

⑪ 新たな単位空間における平均と標準偏差を使い、W さんの基準値を算出します。

表 12.19 新たな単位空間の平均と標準偏差

	評価 6	評価 1	評価 5	評価 3
平均	79.0	60.0	75.0	70.0
標準偏差	10.5	12.0	12.1	11.9

W	評価 6	評価 1	評価 5	評価 3
データ	80	66	72	74
基準値	0.095	0.501	−0.249	0.336

⑫ 新たな単位空間における重心から W さんまでのマハラノビス汎距離を求めます。

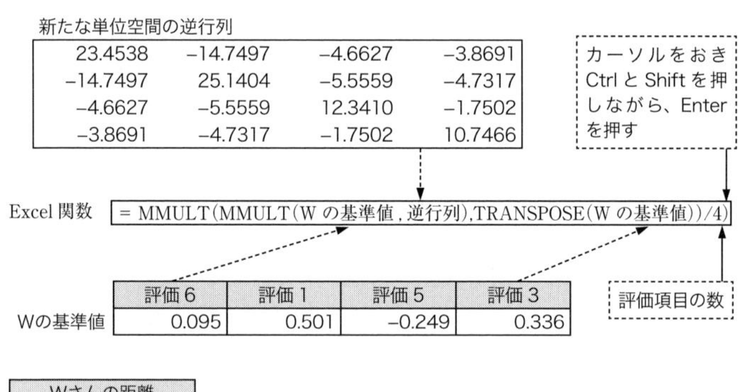

Wさんの距離
1.787

図 12.14 重心から W までのマハラノビス汎距離の求め方

例題 12-1 の解答は「健康群」となります。

第13章

タグチメソッド

13.1 タグチメソッドの例題

例題 13-1

M 会社は、マグカップを製造、販売している会社です。

現在、小学生向けに販売しているマグカップは、ヒビが入りやすい、取っ手が持ちにくい、可愛らしさがない、など評判がよくありません。

そこで、今度、小学 5 ～ 6 年生の女児に喜ばれるマグカップを開発することにしました。開発予定のマグカップは次の 8 つです。

種類	光沢	重さ	容量	形状	プリント	ベース色
1	ある	250g 未満	300cc 未満	B	ある	ピンク色
2	ある	250g 未満	300cc 未満	A	ない	白色
3	ある	250g 以上	300cc 以上	B	ある	白色
4	ある	250g 以上	300cc 以上	A	ない	ピンク色
5	ない	250g 未満	300cc 以上	B	ない	ピンク色
6	ない	250g 未満	300cc 以上	A	ある	白色
7	ない	250g 以上	300cc 未満	B	ない	白色
8	ない	250g 以上	300cc 未満	A	ある	ピンク色

女児を会場に集め、マグカップを見て触ってもらい評価を聞きました。マグカップを見て触ってもらう際、マグカップを持ったときの滑りやすさ、熱湯や氷水を入れたときの冷めやすさ、落としたときの割れにくさを知るために、4 つの使用場面を設定しました。

《使用場面 1》

- マグカップの取っ手を左手（利き手でない方）で掴んで 5 歩ほど歩く
- その後、熱湯を注いでもらい、1 分間後にお湯を一口飲む
- その後、お湯を捨て、マグカップを 30cm ぐらい持ち上げ、机の上に落とす

《使用場面 2》

- マグカップの取っ手を右手（利き手）で掴んで 5 歩ほど歩く
- その後、氷水を注いでもらい、1 分間後に氷水を一口飲む
- その後、氷水を捨て、マグカップを 30cm ぐらい持ち上げ、机の上に落とす

《使用場面 3》

- マグカップの取っ手を右手で掴んで 5 歩ほど歩く
- その後、熱湯を注いでもらい、1 分間後にお湯を一口飲む
- その後、お湯を捨て、マグカップを机の面にぶつける

《使用場面 4》

- マグカップの取っ手を左手で掴んで 5 歩ほど歩く
- その後、氷水を注いでもらい、1 分間後に氷水を一口飲む
- その後、氷水を捨て、マグカップを机の面にぶつける

8 種類のマグカップを 4 つの使用場面で評価させるので、評価ブースの数は 32 個となります。

会場にいる女児を無作為に、各ブースに 10 人ずつ割り当てました。

質問は、次で行いました。

> マグカップの「光沢」「重さ」「容量」「形状」「プリント」「ベース色」があなたの好みにあっていますか。
>
> 4 つの実験をしましたが、マグカップは、「割れにくい」「冷めにくい」「滑りにくい」と思いましたか。
>
> これらのことを総合的に見て、あなたに与えられたマグカップを評価してください。「とてもよい」を 10 点、「とても悪い」を 1 点として、1 点から 10 点の範囲で点数を付けてください。

下記は、各ブースの女児10人の評価平均を示したものです。

		使用場面1	使用場面2	使用場面3	使用場面4
マグカップ種類	1	6.8	7.8	7.4	7.1
	2	4.9	5.2	5.5	5.7
	3	6.8	7.1	7.0	6.9
	4	5.3	6.1	6.2	6.3
	5	6.0	6.3	6.3	6.2
	6	5.1	5.3	5.4	5.9
	7	5.2	5.5	5.5	5.8
	8	6.1	6.7	6.7	6.4

データを分析して次の3つを明らかにしてください。

問題1 女児に評価の高いマグカップを作るには、どの仕様（因子、水準）が重要か？

問題2 女児がマグカップをどのような使い方をしても、評価に差のない仕様は何か？

問題3 評価得点が高いマグカップの種類はどれか？

この例題13-1を解決してくれるのがタグチメソッドです。

13.2 タグチメソッドとは

タグチメソッドとは

- 設計、開発の段階で適用されます
- 品質問題を未然に防止し、開発効率を上げるための手法です

技術開発 ………………………… 新技術、新商品を開発する
製品設計 ………………………… 市場クレームの撲滅など、製品企画を満足するシステムを構築する
生産設計 ………………………… 設計の意図を低コスト、短期間で実現する

- ロバスト設計、MT 法、オンライン品質工学など様々な手法があり、実現したい目標に応じて使い分けます。なお、いずれも統計的検定は行いません。本書では、ロバスト設計、MT 法について解説します

ロバスト設計（パラメータ設計）

ロバストとは、いろいろな条件でも安定しているという意味です。

製品性能に問題を発生させているノイズに着目し、ロバストネス（ノイズに対して強くなる）な製品を設計します。つまり、使い方のバラツキや環境変化に強くし、劣化しにくい設計を行うということです。この方法を**ロバスト設計**といいます。

実験データの解析方法は、ロバスト設計の考え方をもとに**二段階設計**という方法で行います。バラツキを小さくできる条件（パラメータ）をまず見つけ、バラツキを小さくしてから、平均値が目的の値になるように調整します。

タグチメソッドにおけるバラツキは、11 章で学んだ SN 比を適用します。

SN 比から､改善すべき因子を数理的に把握し､最終的に理想とする完成品（販売予定）のスペック（仕様）を把握します。

◆ 二段階設計法

具体例で示します。

シャープペンシルの芯の直径を正確に測ったら、0.5000mm、0.5001mm、0.4999mm、･･･、とばらついていると思われます。

2つの会社AとBについて、100本の芯を抜き取り検査し、直径の度数分布（ヒストグラム）を作成しました。

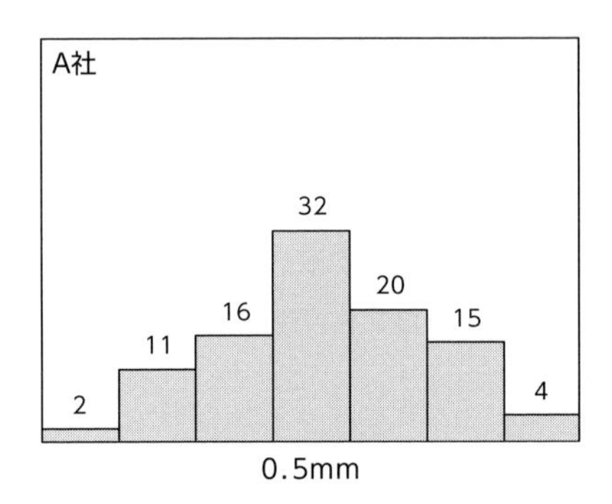

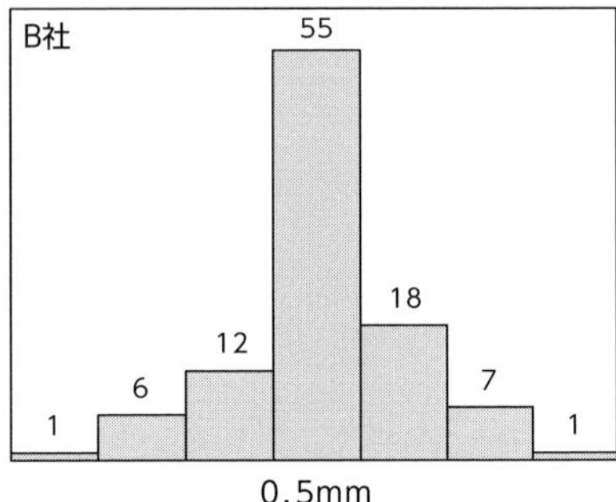

図13.1 シャープペンシルの芯の直径の度数分布

グラフから、バラツキはA社が大きく、B社が小さいことがわかります。

製造技術は、どちらの会社が優れていると思いますか。

タグチメソッドでは、バラツキの小さなB社の方が、技術力があると判断します。B社のようにバラツキを小さくする技術があれば、規格値0.5mmに合わせることは簡単にできるからです。

規格値0.5mmの工法には2つの考え方があります。

1. シャープペンシルの芯の直径は、目標値を0.5mmとして、その値に近づくよう工夫・努力する
2. まずはじめに、シャープペンシルの芯の直径のバラツキが小さくなるようにする。その後、目標値を0.5mmとして、その値に近づくよう工夫・努力する

タグチメソッドは2の方法で行います。

タグチメソッドが設計段階で改善しようとしているポイントは「バラツキ」で、「平均値（目標に近づける）」は、二の次にします。

バラツキの改善ができれば「平均値（目標に近づける）」の改善がしやすくなると考えます。

初め（一段階目という）にバラツキを改善、次（二段階目という）に平均値（目標に近づける）を改善する方法を**二段階設計法**といいます。

◆ 解析手順

1. バラツキを改善するために、バラツキを小さくできる条件（パラメータ）を見つける
   → 品質に影響する制御因子、誤差因子（ノイズ因子）を考え、各因子の水準を決める

2. 直交表を作成し、実験する
   → 制御因子、誤差因子を直交表に割り付ける
   ただし、交互作用は割り付けない
   → 特性値は、実験、調査により測定

3. 条件ごと（各行）で、平均値とバラツキ（SN 比）を計算

4. 因子ごとに、各水準でバラツキを足し合わせる
   バラツキが最小になる条件の組み合わせが最適条件（一段階目）

5. 因子ごとに、各水準で平均値を足し合わせる
   製品仕様の値を達成できる条件を探す（二段階目）

※統計的検定は行わない

上記手順を例題 13-1 で次ページ以降に解説します。

※本書の解析結果の数値は、Excel で計算した表示です。よって、手計算で四則演算した場合、若干、小数点や下桁の値に誤差が生じる場合があります

13.3◆タグチメソッドの解析方法

◆ 制御因子と誤差因子

制御因子、誤差因子とは何かを例題13-1で説明します。

女児のマグカップの仕様を考えます。

仕様は、「光沢」「重さ」「容量」「形状」「プリント」「ベース色」の6因子とします。これらは、タグチメソッドでは**制御因子**に相当します。

女児のマグカップの使用場面を考えます。

- マグカップを落としたとき、割れにくいか
- 熱湯（あるいは氷水）を注いだとき、冷めにくいか
- マグカップを持ち運ぶとき、取っ手は滑りにくいか

「割れにくさ」「冷めにくさ」「滑りにくさ」の改良が開発の最大の目的です。これらは、タグチメソッドでは**誤差因子**に相当します。

制御因子は、開発仕様なので、技術者がコントロールできる（する）因子です。

誤差因子は、製品が市場に出たとき、使用者の使用場面によって変化する因子です。つまり、制御因子は技術者がよいと思う、または固定の要因を、誤差因子は意地悪な条件の要因やクレームの内容で設計します。

※信号因子というものもあります

特性値と比例関係のある因子で、操作（入力）に応じて出力値が変化する因子です。制御因子と同様に、技術者がコントロールできます

動特性（表13.8）の目的に適用します。通常3水準以上必要です

◆ 水準

制御因子は、マグカップの仕様です。開発者は各因子に対して仕様条件を設定します。仕様条件を水準といいます。マグカップにおける制御因子の水準は次としました。水準1の仕様は開発予定の仕様、水準2は既存品の仕様です。

表 13.1　制御因子の水準

	水準	
因子	水準1	水準2
光沢	ある	ない
重さ	250g 未満	250g 以上
容量	300cc 未満	300cc 以上
形状	B	A
プリント	ある	ない
ベース色	ピンク色	白色
	↑ 開発予定	↑ 既存品

この事例の水準数は6因子とも2水準ですが、因子数は3以上、2水準や3水準など混合しても可です

誤差因子の水準は、使用場面で起こり得る現象を想定して決めます。

マグカップにおける誤差因子の水準は次としました。

<衝突>割れにくさ

丈夫で割れにくいかを2つの使用場面で調べます。

水準1：落とす　…………………　マグカップを 30cm ぐらい持ち上げ、机の上に落としてもらう

水準2：ぶつける　………………　マグカップを机にぶつける

<熱湯・氷水注ぎ>冷めにくさ

熱湯や氷水の保温性があるか（冷めにくいか）を2つの使用場面で調べます。

水準1：熱湯　……………………　熱湯を注いでもらい1分間後にお湯を飲んでもらう

水準2：氷水　……………………　氷水を注いでもらい1分間後に氷水を飲んでもらう

＜持ち運び＞滑りにくさ

取っ手が持ちやすく滑りにくいかを２つの使用場面で調べます。

水準１：左手 …………………… マグカップの取っ手を左手（利き手の逆）で掴んで５歩ほど歩いてもらう

水準２：右手 …………………… マグカップの取っ手を右手（利き手）で掴んで５歩ほど歩いてもらう

上記をまとめました。

表 13.2 誤差因子の水準

	水準	
因子	水準１	水準２
衝突	落とす	ぶつける
熱湯・氷水注ぎ	熱湯	氷水
持ち運び	左手	右手

◆ 直交表

制御因子の水準を組み合わせてマグカップを作ること（試供品）を考えます。

例えば、あるマグカップの仕様は、「光沢はある」「重さは 250g 以上」「容量は 300cc 以上」「形状は B」「プリントはない」「ベース色はピンク色」です。

表 13.3 組み合わせ

光沢	ある	ない
重さ	250g 未満	250g 以上
容量	300cc 未満	300cc 以上
形状	B	A
プリント	ある	ない
ベース色	ピンク色	白色

水準を組み合わせて、作成できるマグカップは、$2 \times 2 \times 2 \times 2 \times 2 \times 2 = 64$ 種類です。

64 種類のマグカップを作ることは、費用も時間もかかります。

仮にできたとしても 64 種類のマグカップについて評価するのは不可能です。

そこで、第７章で学んだ直交表を使うと、マグカップの作成数は８種類ですみます。制御因子の数が６で水準が２なので、$L_8(2^7)$ 型の直交表を適用します。

なお、仕様項目数は 6、直交表 $L_8(2^7)$ 型の列数は 7 です。両者には 1 列の差があるので、$L_8(2^7)$ 型における 7 列目を削除します。

表 13.4 $L_8(2^7)$ 型の直交表

	[1]	[2]	[3]	[4]	[5]	[6]	[7]
1	1	1	1	1	1	1	1
2	1	1	1	2	2	2	2
3	1	2	2	1	1	2	2
4	1	2	2	2	2	1	1
5	2	1	2	1	2	1	2
6	2	1	2	2	1	2	1
7	2	2	1	1	2	2	1
8	2	2	1	2	1	1	2

	[1]	[2]	[3]	[4]	[5]	[6]
	光沢	重さ	容量	形状	プリント	ベース色
1	ある	250g 未満	300cc 未満	B	ある	ピンク色
2	ある	250g 未満	300cc 未満	A	ない	白色
3	ある	250g 以上	300cc 以上	B	ある	白色
4	ある	250g 以上	300cc 以上	A	ない	ピンク色
5	ない	250g 未満	300cc 以上	B	ない	ピンク色
6	ない	250g 未満	300cc 以上	A	ある	白色
7	ない	250g 以上	300cc 未満	B	ない	白色
8	ない	250g 以上	300cc 未満	A	ある	ピンク色

上記の 1 ～ 8 のマグカップを作ればよいということです。

誤差因子にも直交表を適用します。

誤差因子の数が 3 で水準が 2 なので $L_4(2^3)$ 型の直交表を適用します。

表 13.5 $L_4(2^3)$ 型の直交表

	[1]	[2]	[3]
1	1	1	1
2	1	2	2
3	2	1	2
4	2	2	1

	衝突	熱湯・氷水注ぎ	持ち運び
使用場面 1	落とす	熱湯	左手
使用場面 2	落とす	氷水	右手
使用場面 3	ぶつける	熱湯	右手
使用場面 4	ぶつける	氷水	左手

注：制御因子間、誤差因子間に交互作用があると困難となるため、意図的に無視し、直交表の交互作用は割り付けない

◆ 調査の実施

1つのマグカップを4つの使用場面で評価してもらいます。

8種類のマグカップがあり、各々の種類について4つの使用場面があるので、評価対象は次に示す32です。

表13.6　評価対象

							1	2	3	4
						衝突 →	落とす	落とす	ぶつける	ぶつける
						熱湯・氷水注ぎ →	熱湯	氷水	熱湯	氷水
						持ち運び →	左手	右手	右手	左手
1	ある	250g 未満	300cc 未満	B	ある	ピンク色	1	9	17	25
2	ある	250g 未満	300cc 未満	A	ない	白色	2	10	18	26
3	ある	250g 以上	300cc 以上	B	ある	白色	3	11	19	27
4	ある	250g 以上	300cc 以上	A	ない	ピンク色	4	12	20	28
5	ない	250g 未満	300cc 以上	B	ない	ピンク色	5	13	21	29
6	ない	250g 未満	300cc 以上	A	ある	白色	6	14	22	30
7	ない	250g 以上	300cc 未満	B	ない	白色	7	15	23	31
8	ない	250g 以上	300cc 未満	A	ある	ピンク色	8	16	24	32
	光沢	重さ	容量	形状	プリント	ベース色				

マグカップを評価してくれる小学5～6年生の女児を320人募集しました。

マグカップ展示会場で女児320人をくじ引きで32のグループに分け、1グループは10人としました。そして、上表1～32の通りの方法で、マグカップを評価します。32通り×10人＝320人となります。

1人の女児は、与えられたマグカップを割り当てられた使用場面で評価します。

質問は次で行いました。

> マグカップの「光沢」「重さ」「容量」「形状」「プリント」「ベース色」があなたの好みにあっていますか。
> 4つの実験をしましたが、マグカップは、「割れにくい」「冷めにくい」「滑りにくい」と思いましたか。
> これらのことを総合的に見て、あなたに与えられたマグカップを評価してください。「とてもよい」を10点、「とても悪い」を1点として、1点から10点の範囲で点数を付けてください。

◆ データの取得

下記表は10人の回答データの平均値を示したものです。

表13.7 平均値

							1	2	3	4
						衝突→	落とす	落とす	ぶつける	ぶつける
						熱湯・氷水注ぎ→	熱湯	氷水	熱湯	氷水
						持ち運び→	左手	右手	右手	左手
1	ある	250g未満	300cc未満	B	ある	ピンク色	6.8	7.8	7.4	7.1
2	ある	250g未満	300cc未満	A	ない	白色	4.9	5.2	5.5	5.7
3	ある	250g以上	300cc以上	B	ある	白色	6.8	7.1	7.0	6.9
4	ある	250g以上	300cc以上	A	ない	ピンク色	5.3	6.1	6.2	6.3
5	ない	250g未満	300cc以上	B	ない	ピンク色	6.0	6.3	6.3	6.2
6	ない	250g未満	300cc以上	A	ある	白色	5.1	5.3	5.4	5.9
7	ない	250g以上	300cc未満	B	ない	白色	5.2	5.5	5.5	5.8
8	ない	250g以上	300cc未満	A	ある	ピンク色	6.1	6.7	6.7	6.4
	光沢	重さ	容量	形状	プリント	ベース色				

◆ SN比の計算

誤差因子で作成した4パターン、すなわち4つの使用場面でのマグカップの評価に違いがないのが理想です。

マグカップを落としてもぶつけても、熱湯でも氷水でも、右手で使っても左手で使っても評価に差がないマグカップがよいということです。

8つのマグカップごとのバラツキを調べます。

バラツキは標準偏差で把握できますが、タグチメソッドは第11章で説明したSN比を適用します。

SN比にはいくつかの種類があることを思い出してください。

分析の目的によって、SN比を使い分けることを説明しました。

表13.8 SN比

静特性	目標値を持つ特性	
	望大特性	大きい値が望ましい特性
	望小特性	小さい値が望ましい特性
	望目特性	目標値に近いのが望ましい特性
動特性	入力に応じて出力値が変化する特性	

この例題 13-1 は「評価の高いマグカップを作る（評価の目標値を 8 点)」を目的とするので、望目特性の SN 比を適用します。

例題 13-1 の SN 比を Excel 関数によって求めます。

表 13.9 の右端列が望目特性の SN 比です。

表 13.9　SN 比の算出方法

	1	2	3	4	(1) 平均	(2) 平均の 2 乗	(3) 分散 V_e	(4) (2)÷V_e	(5) (4) − $1/n$	(6) 望目特性の SN 比
1	6.8	7.8	7.4	7.1	7.3	52.9	0.183	290	289.9	24.6
2	4.9	5.2	5.5	5.7	5.3	28.4	0.123	231	231.4	23.6
3	6.8	7.1	7.0	6.9	7.0	48.3	0.017	2,898	2898.1	34.6
4	5.3	6.1	6.2	6.3	6.0	35.7	0.209	171	170.6	22.3
5	6.0	6.3	6.3	6.2	6.2	38.4	0.020	1,922	1921.9	32.8
6	5.1	5.3	5.4	5.9	5.4	29.4	0.116	254	254.0	24.0
7	5.2	5.5	5.5	5.8	5.5	30.3	0.060	504	504.1	27.0
8	6.1	6.7	6.7	6.4	6.5	41.9	0.083	508	508.1	27.1

Excel 関数
(1)　= AVERAGE（行 1 の 1 ～ 4）　※行ごとに算出
(2)　= (1)^2
(3)　= VAR（行 1 の 1 ～ 4）　※行ごとに算出
(4)　= (2)/(3)
(5)　= (4)-1/n　※この例題の n は 10 です
(6)　= 10*LOG((5))

SN 比は、SN 比の値が大きいほど、データのバラツキが小さくなります。

SN 比を用いて、改善すべき因子の抽出と目標値の合わせ込みを行います。

◆　改善すべき因子の抽出

タグチメソッドにおける二段階設計法は、一段階目でバラツキを小さくする因子を見出し、二段階目で目標値（この例ではマグカップ評価平均）を 8 点に近づけることを考えます。

ここでは、一段階目の SN 比でバラツキが小さくなる因子の抽出方法を示します。

算出した SN 比について、6 因子 2 水準別の平均を算出します。

表 13.10 SN 比の平均

	光沢	重さ	容量	形状	プリント	ベース色	SN 比
1	ある	250g 未満	300cc 未満	B	ある	ピンク色	24.6
2	ある	250g 未満	300cc 未満	A	ない	白色	23.6
3	ある	250g 以上	300cc 以上	B	ある	白色	34.6
4	ある	250g 以上	300cc 以上	A	ない	ピンク色	22.3
5	ない	250g 未満	300cc 以上	B	ない	ピンク色	32.8
6	ない	250g 未満	300cc 以上	A	ある	白色	24.0
7	ない	250g 以上	300cc 未満	B	ない	白色	27.0
8	ない	250g 以上	300cc 未満	A	ある	ピンク色	27.1

		評価平均の平均	差分
	全体	27.02	
光沢	ある	26.30	−1.44
	ない	27.74	
重さ	250g 未満	26.29	−1.47
	250g 以上	27.76	
容量	300cc 未満	25.59	−2.87
	300cc 以上	28.46	
形状	B	29.78	5.51
	A	24.27	
プリント	ある	27.59	1.13
	ない	26.46	
ベース色	ピンク色	26.71	−0.62
	白色	27.33	

【計算例】形状の平均

B $(24.6 + 34.6 + 32.8 + 27.0) \div 4$

$= 119.0 \div 4 = 29.78$

A $(23.6 + 22.3 + 24.0 + 27.1) \div 4$

$= 97.0 \div 4 = 24.27$

水準 1 と水準 2 の差分を上表に記しました。

留意点

SN 比を目的変数、説明変数を直交表 1、0 データとして重回帰分析を行い、差分を求めることもできます。求められた回帰係数は差分と一致します。「第 9 章　直交表重回帰分析」をご覧ください。

差分の絶対値のランキング棒グラフを描きます。

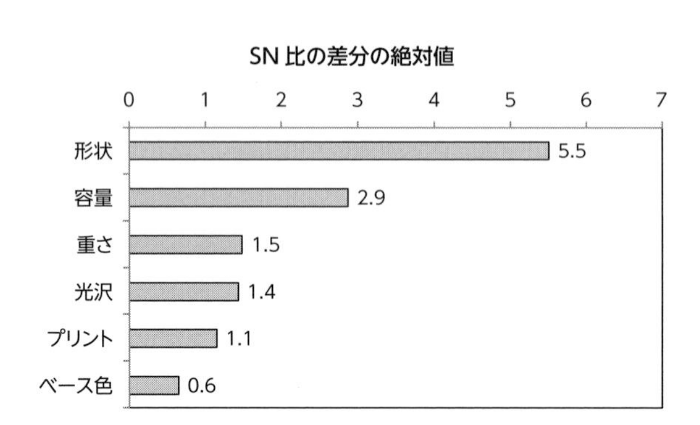

図 13.2　SN 比の差分の絶対値グラフ

タグチメソッドは、SN 比の差分の絶対値の値が大きい因子ほど、製品全体のバラツキを小さくすると考え、値が大きい因子を改善すべき因子と判断します。

SN 比の差分の絶対値を降順で並べ替えたとき、半分ぐらいの因子を改善すればよいとします。

ここでは顕著に大きい 2 つ「形状」「容量」は、使用条件によって評価に差がある（安定していない）ので、製品全体のバラツキを小さくすると考え、改善すべき因子と判断します。

◆ 目標値の合わせ込み

バラツキを小さくする因子を見出したら、評価平均の平均値を目標値に合わせ込みます（この例ではマグカップの評価平均を高めることを考えます）。

二段階設計法の二段階目で、平均値の分析となります。

※タグチメソッドでは、この過程を「感度を目標値に調整する」ともいいます。
　感度の解説は割愛します

使用場面 4 パターンの平均を適用します。

表 13.11 使用場面の平均

	光沢	重さ	容量	形状	プリント	ベース色	1	2	3	4	平均
1	ある	250g 未満	300cc 未満	B	ある	ピンク色	6.8	7.8	7.4	7.1	7.3
2	ある	250g 未満	300cc 未満	A	ない	白色	4.9	5.2	5.5	5.7	5.3
3	ある	250g 以上	300cc 以上	B	ある	白色	6.8	7.1	7.0	6.9	7.0
4	ある	250g 以上	300cc 以上	A	ない	ピンク色	5.3	6.1	6.2	6.3	6.0
5	ない	250g 未満	300cc 以上	B	ない	ピンク色	6.0	6.3	6.3	6.2	6.2
6	ない	250g 未満	300cc 以上	A	ある	白色	5.1	5.3	5.4	5.9	5.4
7	ない	250g 以上	300cc 未満	B	ない	白色	5.2	5.5	5.5	5.8	5.5
8	ない	250g 以上	300cc 未満	A	ある	ピンク色	6.1	6.7	6.7	6.4	6.5

6 因子 2 水準別の平均を算出します。

表 13.12 6 因子 2 水準別の平均と差分

		評価平均の平均	差分
	全体	6.14	
光沢	ある	6.38	0.48
	ない	5.90	
重さ	250g 未満	6.06	−0.17
	250g 以上	6.23	
容量	300cc 未満	6.14	0.01
	300cc 以上	6.14	
形状	B	6.48	0.68
	A	5.80	
プリント	ある	6.53	0.78
	ない	5.75	
ベース色	ピンク色	6.48	0.68
	白色	5.80	

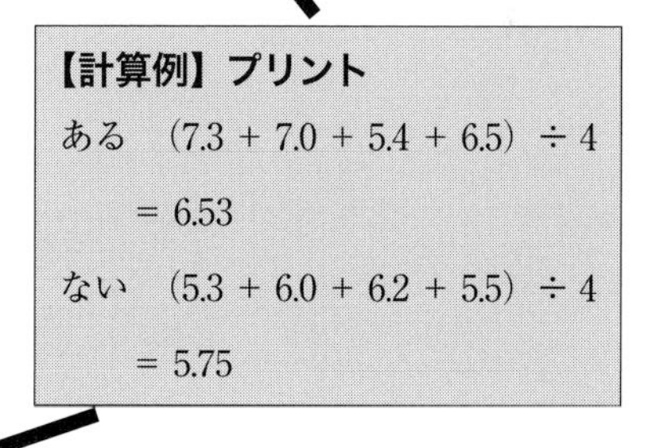

平均値の差分を計算し、ランキング棒グラフを描きます。

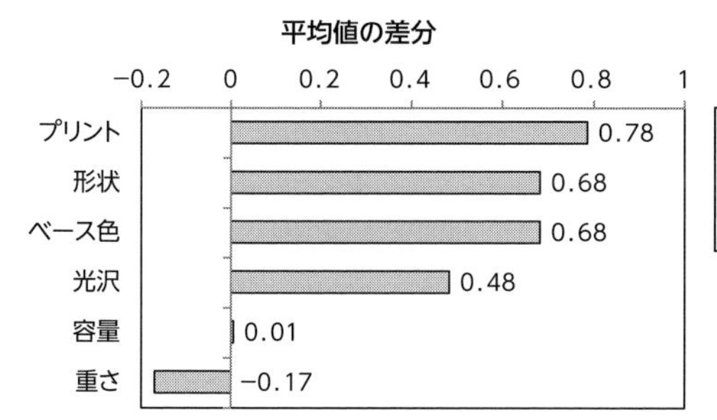

図 13.3 平均値の差分のグラフ

値が大きい因子は既存品に比べ開発予定品の評価が高く、平均値を高めるのに重要な因子といえます。使用者の評価から判断すると、マグカップの評価を上げる要因は、図13.3から、プリント、形状、ベース色が重要因子です。

※要因効果図（各制御因子の水準のデータからSN比と評価平均の平均をグラフ化）を作成し、最適条件を推定する方法もあります

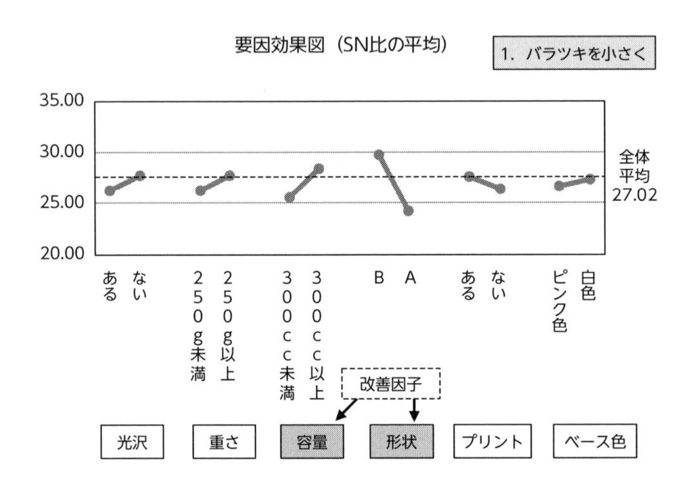

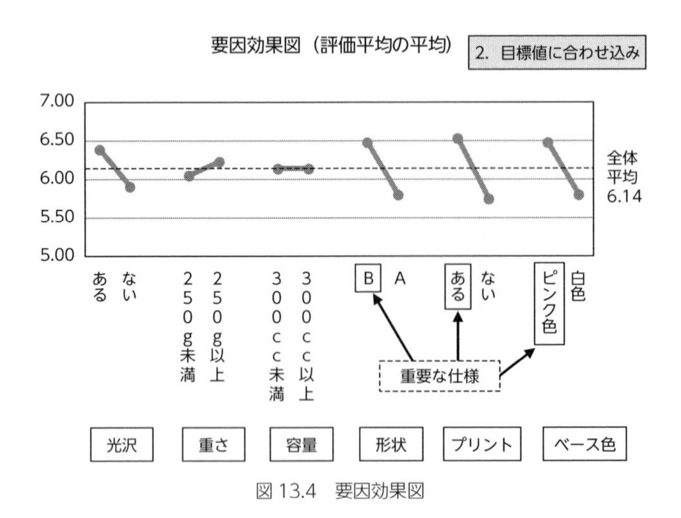

図13.4 要因効果図

◆ 試作品が存在しない仮想のマグカップの評価予測

この例題における制御因子の個数は6、各因子の水準数はいずれも2です。

6因子2水準をマグカップの仕様とすると、この仕様から作られるマグカップの種類は2×2×2×2×2×2＝64です。

下記は64種類のマグカップの水準を示したものです。

彩色のマグカップは試作品です。

表13.13 64種類のマグカップの水準

カップ番号	光沢	重さ	容量	形状	プリント	ベース色	
1	1	1	1	1	1	1	1
2	1	1	1	1	1	2	
3	1	1	1	1	2	1	
4	1	1	1	1	2	2	
5	1	1	1	2	1	1	
6	1	1	1	2	1	2	
7	1	1	1	2	2	1	
8	1	1	1	2	2	2	2
9	1	1	2	1	1	1	
10	1	1	2	1	1	2	
11	1	1	2	1	2	1	
12	1	1	2	1	2	2	
13	1	1	2	2	1	1	
14	1	1	2	2	1	2	
15	1	1	2	2	2	1	
16	1	1	2	2	2	2	
17	1	2	1	1	1	1	
18	1	2	1	1	1	2	
19	1	2	1	1	2	1	
20	1	2	1	1	2	2	
21	1	2	1	2	1	1	
22	1	2	1	2	1	2	
23	1	2	1	2	2	1	
24	1	2	1	2	2	2	
25	1	2	2	1	1	1	
26	1	2	2	1	1	2	3
27	1	2	2	1	2	1	
28	1	2	2	1	2	2	
29	1	2	2	2	1	1	
30	1	2	2	2	1	2	
31	1	2	2	2	2	1	4
32	1	2	2	2	2	2	
33	2	1	1	1	1	1	
34	2	1	1	1	1	2	
35	2	1	1	1	2	1	
36	2	1	1	1	2	2	
37	2	1	1	2	1	1	
38	2	1	1	2	1	2	
39	2	1	1	2	2	1	
40	2	1	1	2	2	2	
41	2	1	2	1	1	1	
42	2	1	2	1	1	2	
43	2	1	2	1	2	1	5
44	2	1	2	1	2	2	
45	2	1	2	2	1	1	
46	2	1	2	2	1	2	6
47	2	1	2	2	2	1	
48	2	1	2	2	2	2	
49	2	2	1	1	1	1	
50	2	2	1	1	1	2	
51	2	2	1	1	2	1	
52	2	2	1	1	2	2	7
53	2	2	1	2	1	1	8
54	2	2	1	2	1	2	
55	2	2	1	2	2	1	
56	2	2	1	2	2	2	
57	2	2	2	1	1	1	
58	2	2	2	1	1	2	
59	2	2	2	1	2	1	
60	2	2	2	1	2	2	
61	2	2	2	2	1	1	
62	2	2	2	2	1	2	
63	2	2	2	2	2	1	
64	2	2	2	2	2	2	

試作品は8種類で、8種類の評価は女児のアンケートで把握できました。

64 − 8 ＝ 56種類の評価はありません。

評価のないマグカップの評価得点は、重回帰分析で予測することができます。

① 重回帰分析を実施します。

目的変数 ……………………………… 平均

説明変数 ……………………………… 直交表 1、0 データ

※直交表において水準 2 を 0 に変換します

表 13.14 重回帰分析用データ

	光沢	重さ	容量	形状	プリント	ベース色	平均
1	1	1	1	1	1	1	7.3
2	1	1	1	0	0	0	5.3
3	1	0	0	1	1	0	7.0
4	1	0	0	0	0	1	6.0
5	0	1	0	1	0	1	6.2
6	0	1	0	0	1	0	5.4
7	0	0	1	1	0	0	5.5
8	0	0	1	0	1	1	6.5

重回帰分析の結果は次の通りです。

表 13.15 重回帰分析の結果

因子	回帰係数
光沢	0.481
重さ	−0.169
容量	0.006
形状	0.681
プリント	0.781
ベース色	0.681
定数項	4.909

② 予測を行います。

重回帰分析より、平均を予測する関係式は次で示せます。

平均予測値 = 0.481 × 光沢 − 0.169 × 重さ + … + 0.681 × ベース色 + 4.909

この式に前ページのデータをインプットします。

計算例

マグカップ No.17 について示します。

マグカップ番号 17

1	2	1	1	1	1

インプットするデータ

1	0	1	1	1	1

平均予測値 $= 0.481 \times 1 - 0.169 \times 0 + 0.006 \times 1 + \cdots + 0.681 \times 1 + 4.909 = 7.54$

すべてのマグカップについて求めます。

彩色は試作品のマグカップで、右側数値は女児回答の平均です。

表 13.16 女児回答の平均

	予測値	女児平均	
1	7.37	1	7.28
2	6.69		
3	6.59		
4	5.91		
5	6.69		
6	6.01		
7	5.91		
8	5.23	2	5.33
9	7.37		
10	6.68		
11	6.58		
12	5.90		
13	6.68		
14	6.00		
15	5.90		
16	5.22		
17	7.54		
18	6.86		
19	6.76		
20	6.08		
21	6.86		

	予測値	女児平均	
22	6.18		
23	6.08		
24	5.40		
25	7.53		
26	6.85	3	6.95
27	6.75		
28	6.07		
29	6.85		
30	6.17		
31	6.07	4	5.98
32	5.39		
33	6.89		
34	6.21		
35	6.11		
36	5.43		
37	6.21		
38	5.53		
39	5.43		
40	4.75		
41	6.88		
42	6.20		

	予測値	女児平均	
43	6.10	5	6.20
44	5.42		
45	6.20		
46	5.52	6	5.43
47	5.42		
48	4.74		
49	7.06		
50	6.38		
51	6.28		
52	5.60	7	5.50
53	6.38	8	6.48
54	5.70		
55	5.60		
56	4.92		
57	7.05		
58	6.37		
59	6.27		
60	5.59		
61	6.37		
62	5.69		
63	5.59		
64	4.91		

平均予測値の上位３つを示します。

表 13.17　平均予測値

順位	マグカップNo	水準と仕様名						平均
1位	17	1	2	1	1	1	1	7.54
		ある	250g 以上	300cc 未満	B	ある	ピンク色	
2位	25	1	2	2	1	1	1	7.53
		ある	250g 以上	300cc 以上	B	ある	ピンク色	
3位	9	1	1	2	1	1	1	7.37
		ある	250g 未満	300cc 以上	B	ある	ピンク色	

No.17 のマグカップを作れば、売れると判断します。

例題 13-1 の解答

問題１　女児に評価の高いマグカップを作るには、どの仕様（因子、水準）が重要か？

解答　二段階設計法の二段階目の結果より、
「プリント → ある」「形状 → B」「ベース色 → ピンク色」

問題２　女児がマグカップをどのような使い方をしても評価に差のない仕様は何か？

解答　二段階設計法の一段階目の結果より、
「形状」「容量」

問題３　評価得点が高いマグカップの種類はどれか？

解答　マグカップ評価予測の結果より、
マグカップ No.17 の　光沢 → ある
重さ → 250g 以上
容量 → 300cc 未満
形状 → B
プリント → ある
ベース色 → ピンク色

※参考文献「タグチメソッドのはなし」長谷部光雄　著　日科技連出版社 (2014/12)

付録

本書で利用する
Excel の分析ツール及び
「実験計画法ソフトウェア」

付.1 ◆ Excel データ分析の組み込み

本書ではExcelに標準添付のアドインソフト「データ分析」を使用しています。データ分析の組み込み方法をここに紹介いたします。画面はExcel 2010/2013/2016のものです。Excel 2007より前のバージョンでは操作方法の異なる部分があります。

ここでは、Excel 2007より前のバージョンについて、説明は省略します。

◆ 準備

データ分析がExcelに組み込まれているかどうかを確認します。

① Excelを起動します。

② ［データ］メニュー内に［データ分析］が存在するか調べます。

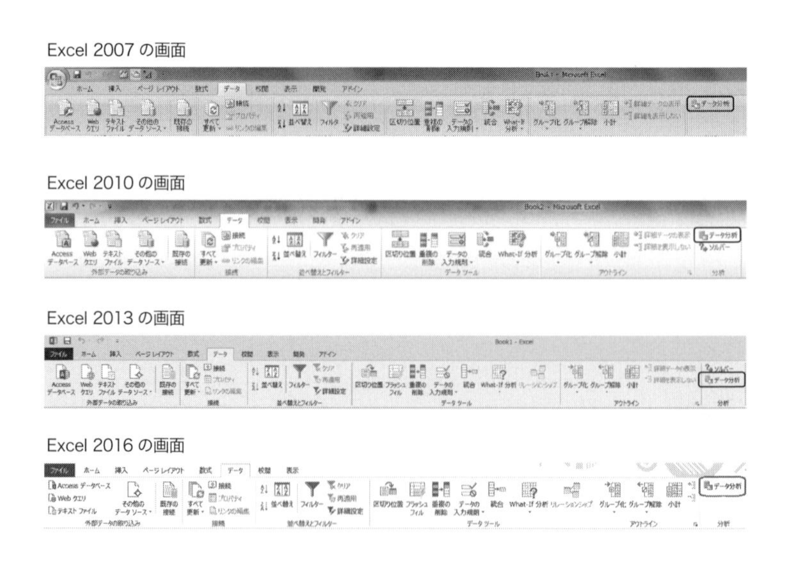

③ ［データ］メニュー内に［データ分析］項目があれば、既に組み込まれておりますので、組み込みを行う必要はありません。

◆ [データ分析] を有効にする

Excel に［データ分析］が組み込まれていないときの対応を以下に示します。

① Excel のツールバーから［ファイル］をクリックし、［オプション］をクリックします。

Excel 2007 の場合、 から［Excel のオプション］をクリックします。

Excel 2007 の画面　　Excel 2010 の画面

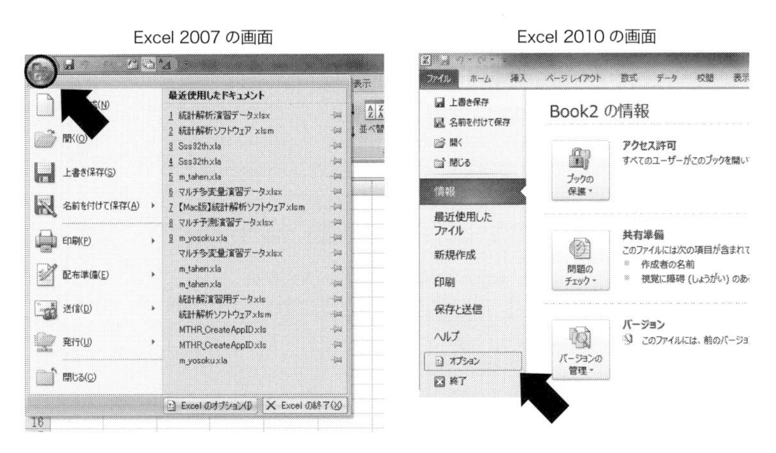

Excel 2013 の画面　　Excel 2016 の画面

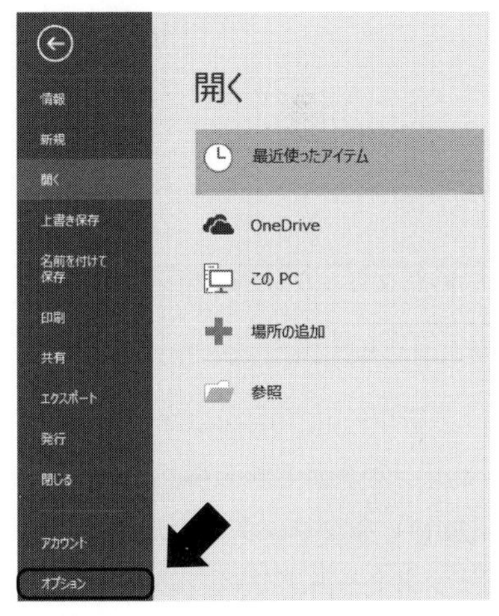

② 表示されるダイアログで左側の［アドイン］をクリックし、［管理］に［Excel アドイン］を指定します。

Excel 2007 の画面

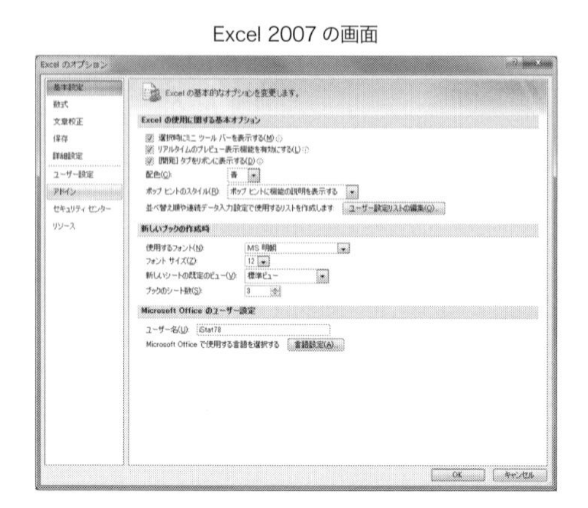

Excel 2010、2013、2016 共通

③ OK をクリックしたら完了です。
［データ］メニュー内に［データ分析］が組み込まれます。

※「分析ツールが現在コンピュータにインストールされていない」というメッセージが表示されたら、アドインをインストールする必要があります
［はい］をクリックして分析ツールをインストールします
インストール方法はご使用になる Excel や OS により異なりますので、詳細はご使用の Excel マニュアル等を参照してください

付.2 Excel アドインソフトウェアのダウンロード方法

① アイスタット社のホームページ（http://istat.co.jp/）にアクセスし、上部メニューにある［フリーソフトのダウンロード］を選択してください。

② 表示された画面の下のあたりに実験計画法の［フリーソフトお申込み］というボタンがありますので、それをクリックしてください。

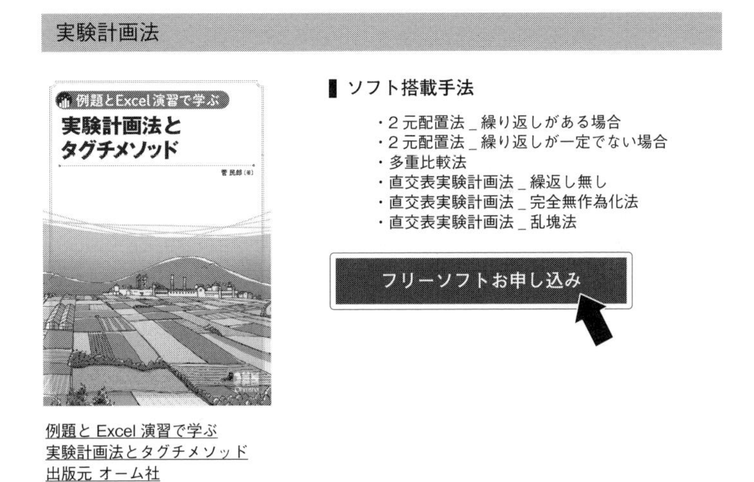

③ パスワードお申込みフォームが表示されますので、ご氏名やご連絡先を記入してください。なお、赤色の※印の箇所は必須事項です。また、お申込み後のご連絡はメールにて行いますので、メールアドレスに間違いがないようにしてください。

フリーソフトウェアのダウンロード

株式会社アイスタットでは、解析ソフトを様々取り寄せております。無料貸出しも実施中です。

> フリーソフトウェアの概要 > パスワードお申込みの流れ

フリーソフトウェアのダウンロードお申し込み

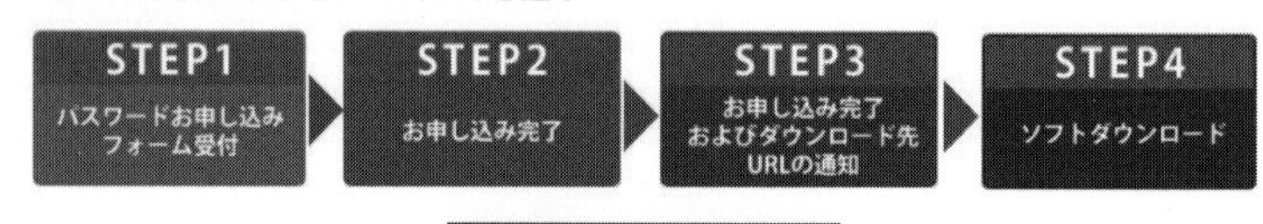

フリーソフトウェア概要に戻る

【お申し込みされる前に必ず下記ご確認ください。】
※ フリーソフトウェアのご利用規約に同意後お申し込みをお願いいたします。
※入力フォームの※印は必須入力です。

解凍パスワードお申込フォーム

このソフトはどのような媒体でお知りになりましたか ※	以下の項目よりお選びください。
その他の媒体は具体的に(全角)	
ご氏名(全角) ※	杉並　太郎
ご氏名(ふりがな)※全角 ※	すぎなみ　たろう
フリーソフト名 ※	EPA法 統計解析 多変量解析 実験計画法
区分 ※	法人 学校 個人
会社名/学校名/その他(全角)	例) 株式会社アイスタット
部署名/学部名/その他(全角)	例) 営業部
役職(全角)	例) 営業部長
メールアドレス(半角) ※	携帯電話アドレス不可　例)suzuki@istat.co.jp
郵便番号(半角) ※	例) 166-0011
都道府県 ※	北海道
ご住所(区市町村)全角 ※	例) 杉並区梅里
ご住所(番地、ビル名)全角 ※	例) 1-22-26　YTビル3F
電話番号(半角)	例) 03-3315-7637
弊社では引き続き統計解析ソフトを開発していく予定でございます。今後弊社からの最新ソフトウェア情報をお送りしてもよろしいですか ※	はい いいえ

④ 入力が完了しましたら、画面下部にある［確認画面へ］をクリックしてください。

弊社では引き続き 統計解析ソフトを開発していく 予定でございます。今後弊社からの最新ソフトウェア情報を お送りしてもよろしいですか ※　◉はい ◎いいえ

⑤ 確認画面が表示されますので、間違いがなければ［送信する］をクリックしてください。なお、入力内容に間違いがありましたら、［入力画面に戻る］をクリックすると、③の入力画面に戻りますので、修正して④に進んでください。

⑥ 送信が完了しますと、次のようなメッセージが表示されます。入力されたメールアドレスに、⑦以降の手順が書かれたメールが届きますので、しばらくお待ちください。

　お使いのメールソフトによっては、迷惑メールフォルダーに振り分けられる場合がございます。受信箱（受信トレイ）に届いていない場合は、迷惑メールフォルダー内をご確認ください。
　1時間以上経過してもメールが届かない場合は、送信した入力画面のアドレスに誤りがある可能性があります。
　再度、申込みの手続きを行い、送信してください。

⑦「お問い合わせフォームからの送信」というタイトルのメールが届きましたら、その本文中の次の URL からダウンロードを開始してください。
なお、このメールには「解凍パスワード」が書かれておりますので、誤って削除しないように注意してください。

ダウンロード URL

実験計画法ソフトウェア、多変量解析ソフトウェア、統計解析ソフトウェア、EPA 法ソフトウェアは下記 URL からダウンロードしてください。

↓↓↓

http://istat.co.jp/download

パスワードについて

解凍パスワードは「●●●●●●」です。

※ 実験計画法ソフトウェア、多変量解析ソフトウェア、統計解析ソフトウェア、EPA 法ソフトウェアすべて共通のパスワードで、ユーザー登録後メールで受信できます

ソフト使用方法

使用方法につきましては、zip ファイルダウンロード後、フォルダー内の「ソフトウェアの使い方 .pdf」をご参照ください。

ダウンロードについての注意事項

下記の手順に従ってダウンロード及びフォルダーの解凍を行ってください。

1. zip ファイルをブラウザからダウンロードする
2. 必要に応じてウィルス検査をする
3. zip ファイルを解凍する
4. Excel を起動し、解析するデータ（任意の Excel ファイル）を開く
5. (4) の解析するデータファイルの［ファイル］タブから、「(ソフトウェア名）.xlsm」を開く

アドインタブが表示されない場合

上記方法で zip ファイルを解凍後、「実験計画法ソフトウェア .xlsm」ファイルを起動しても［アドイン］タブが表示されない場合は、以下の方法をお試しください。

1. USB フラッシュメモリー、ネットワークサーバー、デスクトップなどに「実験計画法ソフトウェア .xlsm」をコピーする。
2. エクスプローラーからコピー先の「実験計画法ソフトウェア .xlsm」のアイコンを右クリックし、プロパティの［全般］タブを表示させる。右下にある［ブロックの解除］→［適用］→［OK］をクリック。以下、前述 (4)、(5) の作業を行う。

その他

［ブロックの解除］ボタンが表示されない場合を含み、上記操作を行っても［アドイン］タブが表示されない場合や、その他ご不明な点やお気付きの点がございましたら、株式会社アイスタット（http://istat.co.jp）までお問い合わせください。

※ アイスタット社のホームページのトップページ右上に、お問い合わせフォームがあります

⑧［ダウンロード URL］をクリックすると、次の画面が表示されます。
画面の下の方にある［実験計画］をクリックしてください。

⑨ 次の画面が表示されたら、［実験計画］を選択します。

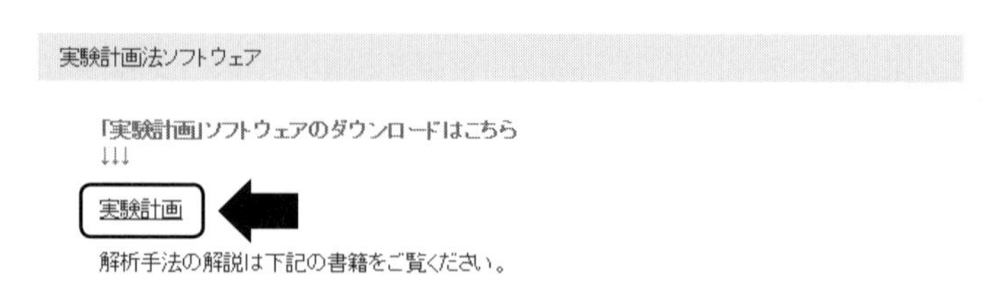

⑩ お使いのブラウザによっては、次のように表示されることがあります。
［保存］ボタンの右にある▼を選択し、保存場所を選んで、本ソフトウェアを保存してください。

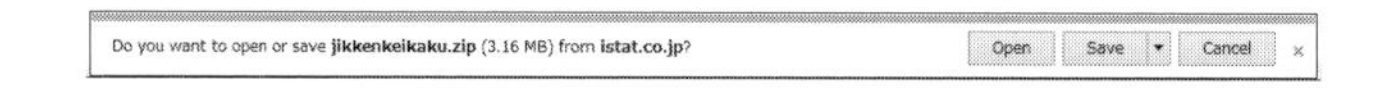

以上で、統計解析ソフトウェアのダウンロードは完了いたしました。

◆ 実験計画法ソフトウェアの実行上の注意

ご利用されている Excel の環境によっては、ソフトウェアを実行した際に、次のような警告が表示されることがあります。

これは、ソフトウェア内に含まれている Excel のマクロが、PC のセキュリティ上問題があるかどうかを、ご利用される方に確認していただく警告です。ご利用の環境によっては、表示されない場合もありますが、前述の手順で入手されたソフトウェアには問題ありませんので、［コンテンツの有効化］をクリックして、マクロを有効にしてください。

以上で、本書でご利用する「実験計画法ソフトウェア」の環境は整いました。本書の説明に沿って、学習を進めてください。

付.3 Excel アドインソフトウェアの起動方法

① Excel を起動して、解析するデータ（任意の Excel ファイル）を開きます。

② 解析するデータファイルの［ファイル］タブ（Excel 2007 は から）「実験計画法ソフトウェア .xlsm」を開きます。

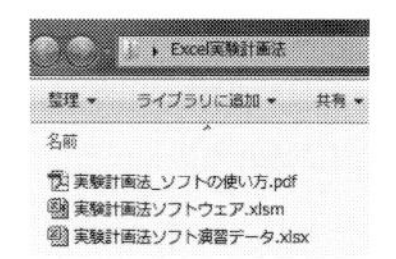

下記の画面が表示される場合は、［マクロを有効にする］をクリックします。

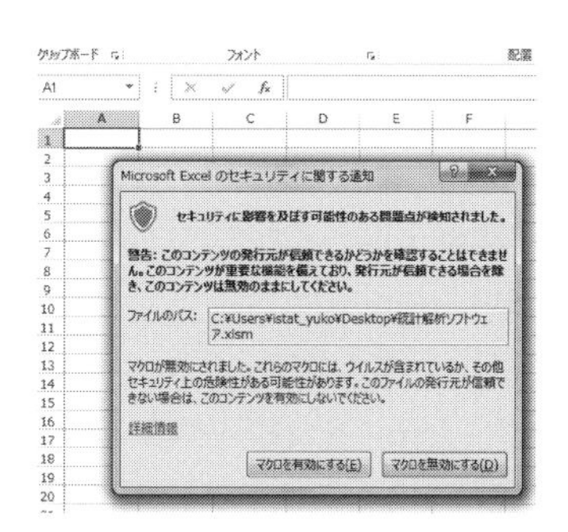

マクロの設定について

本ソフトウェアは、Excel マクロを使用しています。

現在のマクロの設定は以下の手順で確認できます。

1. Excel の［ファイル］タブから［オプション］を選択
2. ［セキュリティセンター］の［セキュリティセンターの設定］を選択
3. ［マクロの設定］を選択

　ここで、［警告を表示して全てのマクロを無効にする］を選択し、［OK］ボタンでオプションを終了します。

③ Excel のメニューバーにアイスタットソフトウェアが組み込まれます。
[アドイン] タブをクリックすると下記が表示されます。

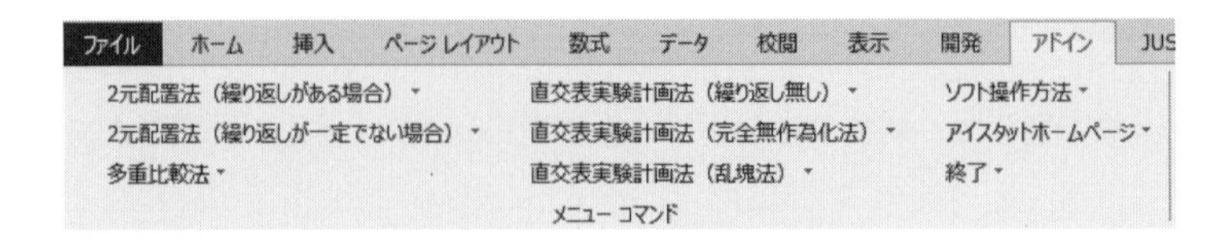

※ 解析手法をクリックし、[実行] をクリックすると、ダイアログボックスが表示されます

《前述の操作により起動ができない場合》

① ダウンロード方法を下記の手順で再度行ってください。
1. zip ファイルをブラウザからダウンロードする
2. 必要に応じてウィルス検査をする
3. zip ファイルを解凍する
4. Excel を立ち上げて、対象ファイルを開く

② 上記①を実施しても、Excel 上に [アドイン] タブが表示されない場合、下記の方法を試行してください。
1. USB フラッシュメモリー、ネットワークサーバー、デスクトップなどに「実験計画法ソフトウェア .xlsm」をコピーする
2. エクスプローラーから「実験計画法ソフトウェア .xlsm」を選択する
右クリックでプロパティを表示する。全般タブ右下に [ブロックの解除] というボタンが表示されている場合は、こちらをクリックし、続けて [適用] [OK] をクリックする
3. Excelを起動し、解析する任意のExcelファイルまたは「空白のブック」を開く。
続けて、[ファイル] タブ（Excel 2007 は　）から「実験計画法ソフトウェア .xlsm」を開く

③ ②の作業を行っても、［アドイン］タブが表示されない場合、「実験計画法ソフトウェア .xlsm」を開いた後、［表示］タブから［再表示］を指定します。ダイアログボックス内の「実験計画法ソフトウェア .xlsm」を選択し、［OK］をクリックします。

◆　アドインソフトウェアの終了方法

① ［アドイン］タブ、［終了］、［実行］の順にクリックします。

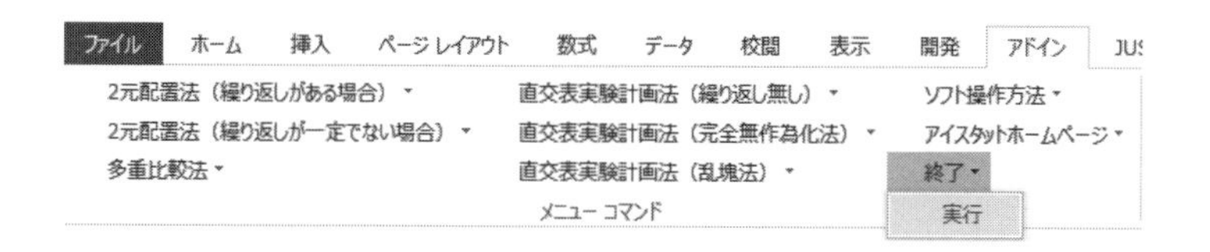

② ［実行］をクリックすると、ソフトウェアは終了します。

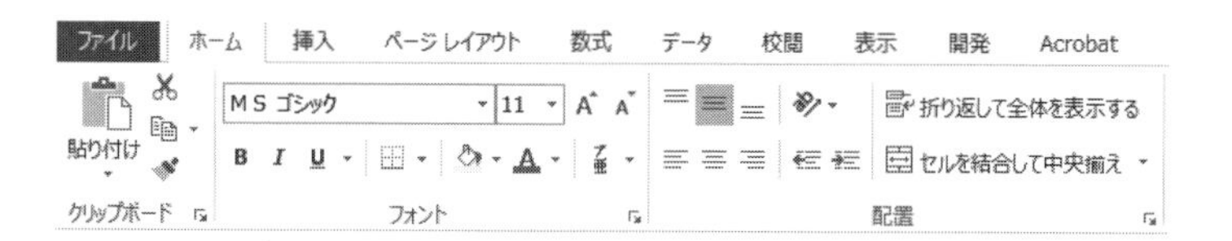

索引

INDEX

◆さ行

◆た行

◆な行

◆は行

◆ま行

◆や行

◆ら行

◆わ行

◆Excel関数

著者略歴

菅　民郎（かん　たみお）

1966年　東京理科大学理学部応用数学科卒業
　　　　中央大学理工学研究科にて理学博士取得
2005年　ビジネス・ブレークスルー大学院教授
2011年　市場調査・統計解析・予測分析・統計ソフトウェア・統計解析セミナーを
　　　　行う会社として、株式会社アイスタットを設立、代表取締役会長

〈主な著書〉
『初心者がらくらく読める 多変量解析の実践（上・下）』
『すべてがわかるアンケートデータの分析』
『初めて学ぶ統計学』
『ホントにやさしい多変量統計分析』
（以上、現代数学社）
『Excelで学ぶ統計解析入門　Excel2016/2013対応版』
『Excelで学ぶ多変量解析入門　第2版』
『Excelで学ぶ統計的予測』
『らくらく図解統計分析教室』
『らくらく図解アンケート分析教室』
『経時データ分析』（共著）
『Excelで実践 仕事に役立つ統計解析』（共著）
（以上、オーム社）
『すぐに使える統計学』（共著）
（以上、ソフトバンククリエイティブ）
『実例でよくわかる アンケート調査と統計解析』
（以上、ナツメ社）
『ドクターも納得！ 医学統計入門 ～正しく理解、正しく伝える～』
（以上、エルゼビア・ジャパン）

カバーイラストレーター略歴

土田菜摘（つちだ　なつみ）

兵庫県出身、東京都在住。

慶應義塾大学文学部卒業後、会社員生活を経て2005年からイラストレーターに。
やわらかく温かみある作風で、風景画やイラストマップ、キャラクターの挿絵等を手がけ、様々な媒体で活動中。

ホームページ http://www.natsumiroad.com/

例題とExcel演習で学ぶ実験計画法とタグチメソッド

平成 28 年 11 月 25 日　　第1版第1刷発行

著　　者　菅　　民郎
発 行 者　村上和夫
発 行 所　株式会社 オ ー ム 社
郵便番号　101-8460
東京都千代田区神田錦町 3-1
電 話　03(3233)0641(代表)
URL　http://www.ohmsha.co.jp/

組版　トップスタジオ　　印刷・製本　三美印刷
ISBN978-4-274-21966-5　Printed in Japan